音響学入門ペディア

日本音響学会編

コロナ社

音響学入門ペディア　編集委員会幹事

羽田陽一（電気通信大学）
大川茂樹（千葉工業大学）
木谷俊介（北陸大学）

編集委員会・執筆者一覧

阿久津真理子（鉄道総合技術研究所）
朝倉　巧（東京理科大学）
淺見拓哉（日本大学）
伊藤信貴（日本電信電話株式会社）
李　孝珍（東京大学）
◎井本桂右（総合研究大学院大学）
◎大隅　歩（日本大学）
大田健紘（日本工業大学）
太田達也（株式会社ニューズ環境設計）
大谷　真（京都大学）
◎大出訓史（日本放送協会）
◎岡本拓磨（情報通信研究機構）
小野一穂（日本放送協会）
◎鎌土記良（株式会社NTTドコモ）
◎木谷俊介（北陸大学）
北村大地（総合研究大学院大学）
○木村敏幸（東北学院大学）
京　地清介（北九州市立大学）
久保陽太郎（Amazon）
郡山知樹（東京工業大学）
◎小林知尋（小林理学研究所）
○小山大介（同志社大学）
小山翔一（東京大学）
◎坂本修一（東北大学）
塩田さやか（首都大学東京）

篠崎隆宏（東京工業大学）
高道慎之介（東京大学）
田中雄介（ジャパンプローブ株式会社）
○辻村壮平（茨城大学）
戸上真人（株式会社日立製作所）
豊田政弘（関西大学）
丹羽健太（日本電信電話株式会社）
橋本　佳（名古屋工業大学）
○長谷川英之（富山大学）
日岡裕輔（オークランド大学）
平田慎之介（東京工業大学）
飛龍志津子（同志社大学）
廣谷定男（日本電信電話株式会社）
星　和磨（日本大学）
保手浜拓也（三菱電機株式会社）
◎増村　亮（日本電信電話株式会社）
丸井淳史（東京藝術大学）
三浦雅展（龍谷大学）
宮内良太（北陸先端科学技術大学院大学）
宮崎亮一（徳山工業高等専門学校）
森川大輔（北陸先端科学技術大学院大学）
◎森勢将雅（山梨大学）
安井希子（松江工業高等専門学校）
矢田部浩平（早稲田大学）
和田有司（成蹊大学）

◎編集委員会メンバーかつ執筆者
○編集委員会メンバー
（2016年12月現在）

目次

Q00	音響学入門ペディアって何ですか？	2
Q01	サンプリング定理をやさしく教えてください	4
Q02	畳み込みって何ですか？	8
Q03	フーリエ変換をやさしく教えてください	12
Q04	z変換をやさしく教えてください	16
Q05	窓関数って何ですか？	20
Q06	加工した音は元に戻りますか？	24
Q07	共鳴って何ですか？	28
Q08	粒子速度と音圧と音速と周波数の関係をやさしく教えてください	32
Q09	音声強調，雑音抑圧，音源分離の違いって何ですか？	36
Q10	音源分離について教えてください	40
Q11	ビームフォーミングって何ですか？	44
Q12	小数点を含む遅延の実現方法は？	48
Q13	周波数領域で設計したフィルタを時間領域にするには？	52
Q14	音響機器の取扱いについてやさしく教えてください	56
Q15	騒音計ってどうやって使うの？	60
Q16	マイクロフォンのキャリブレーションって何ですか？	64
Q17	ホワイトノイズって何ですか？	68
Q18	音響エネルギーレベルって何ですか？	72
Q19	定比バンド幅分析と定バンド幅分析って何が違うのですか？	76
Q20	残響時間はどのようにして把握するの？	80
Q21	吸音材にはどのようなものがあるの？	84
Q22	音場の数値計算手法について教えてください	88

目　次

Q23	統計解析って何ですか？	92
Q24	主観評価についてやさしく教えてください	96
Q25	音響特徴量って何ですか？	100
Q26	ケプストラムについてやさしく教えてください	104
Q27	MFCCとメルケプストラムの違いは何ですか？	108
Q28	音声認識の概要について教えてください	112
Q29	HMMについてやさしく教えてください	116
Q30	GMMについてやさしく教えてください	120
Q31	ベイズ推定って何ですか？	124
Q32	深層学習って何ですか？	128
Q33	ボコーダ（分析合成系）による音声合成の仕組みが知りたいです	132
Q34	統計的音声合成の仕組みを教えてください	136
Q35	人が音声を正しく知覚できるのはなぜでしょうか？	140
Q36	音高と音程，ピッチ，基本周波数って何が違うんですか？	144
Q37	どうやって音を立体的に感じるのですか？	148
Q38	聴覚フィルタって何ですか？	152
Q39	閾値についてやさしく教えてください	156
Q40	骨伝導って何ですか？	160
Q41	エコーロケーションって何ですか？	164
Q42	パラメトリックスピーカの原理と応用を教えてください	168
Q43	音響放射力って何ですか？	172
Q44	振動子のアドミタンスループとは何ですか？	176
Q45	音波の伝搬時間はどのように計測すればいいですか？	180
Q46	超音波振動子の指向性ってどうやって決まるのですか？	184
Q47	MIDIデータについて教えてください	188
Q48	楽器はどんな基準で分類されますか？	192

索　引　　196

◎◎◎本書を読むにあたって◎◎◎

本書では48＋1の質問（Q）と答え（A）を用意しています。Q00を除き，それぞれの質問と答えが4ページで構成されています。冒頭のQを読んで，「なんだ簡単じゃないか」と感じた人は飛ばしてもらっても結構です。いや，それではもったいないので，ぜひAの「ざっくり言うと…」だけでも読んでみてください。簡潔に3項目でQの答えがまとめられています。目から鱗が落ちるように感じることでしょう。

QとAに興味をもったら，続いて本文も読んでみましょう。教科書で習ったのとは違う切り口での説明が待っています。ただし，厳密に突き詰めると疑問が膨らむ部分もあるかもしれないということは頭の片隅に置いてください。

見本

Q 01
サンプリング定理をやさしく教えてください

サンプリング定理がどういうものかはわかるのですが，具体的なイメージがつかめません。なぜ折返し歪みのような問題が生じるのか教えてください。

A

ざっくり言うと…
- 離散化した連続信号から元の信号を復元できる条件
- サンプリング周波数は信号の最大周波数の2倍以上
- 折返し歪み（エイリアシング）が生じるのを防ぐ

Q 00

音響学入門ペディアって何ですか？

　本書「音響学入門ペディア」はいったいどのような本なのでしょうか。これまでの入門書とどう違うのでしょうか。

A

> ざっくり言うと…
> ●音響学への入門のための入門書
> ●研究室の先輩が後輩に「要するにこういうこと」と教えるスタイル
> ●これを足掛かりに本格的な勉強に進んでほしい

　音響学の初学者が，例えば大学の研究室に配属されたばかりの頃に，その研究室で当然のように使われている専門用語を理解したり，専門的な知識や概念を習得したりするにはしばしば困難を伴います。その理由にはいろいろありますが，第一に，音響学と一言で言っても聴覚から音声，電気音響，超音波とその守備範囲がとても広いこと，第二に，現在の音響学は数学，物理学，情報学などの基礎的な学問の上に成り立っている応用的な学問であるため，多岐にわたる前提知識を必要とすること，第三に，音響的な現象は一般的には目に見えないため，概念をわかりやすく捉えにくいことなどが挙げられます。ベテランの研究者に，最初はどのように理解したのかと尋ねても，時間をかけ慣れ親しんでいるうちにいつの間にか理解していたとの答えが返ってくることもしばしばあります。

　初学者が理解につまずいたとき，教えることの得意な研究室の先輩が近くにいれば，自身が理解した過程の記憶をもとに「それは要するにこういうことだよ」「最初はこんな風に理解しておけば大丈夫だよ」といったサジェションをもらえたりします。しかし，そのようなことが得意な先輩ばかりとも限りま

せんし、先輩から後輩に伝えられるサジェスションは、ページ数が制限されることの多い専門的な参考書には丁寧に記述しにくかったり、「厳密には間違っているのだが、簡単に言えばこういうこと」だったりすることもあります。

そこで本書は、大学や企業の研究室に配属されたばかりの初学者や、これから音響分野の研究をしようとする方々が、その分野では日常的に使われてはいるが最初の理解が難しい種々のトピックスに関して、研究室の先輩が後輩に教えるようなイメージを目指しました。書籍の形式としてQ＆A形式を採用したうえで、厳密性よりも概念の習得を何よりも優先し、詳しい説明や厳密な導出などは他の教科書（例えば文献1）など）を参照できるように配慮した形としました。

執筆者には、上述の「先輩から後輩へ」の思いの詰まった本にするため、自身が最初に理解してからまだあまり時間の経っていない、かつ現在も音響学分野で精力的に活動をされている若手研究者を中心に依頼することにしました。初学者が少しでも理解しやすい記述になるよう、集められた原稿に対しては編集委員会を中心に幾度にも渡る校正を繰り返しました。本書が、「入門のための入門書」として、将来の音響学分野を担う学生や若手研究者はもちろん、改めて基本に返ってみたいベテランの研究者や、広く音響学に興味のある一般の読者の皆様のお役に立てば幸いです。

本書の企画にあたり、一般社団法人日本音響学会の役員や企画委員各位、学生・若手フォーラムの皆さんから多大な協力をいただきました。また、編集にあたってはコロナ社の皆様に非常にお世話になりました。ここに記して編集委員会・執筆者一同からの謝意を表します。

なお、本書に関わるいろいろな情報をコロナ社のホームページでも紹介する予定ですので、ときどき覗いてみてください。

http://www.coronasha.co.jp/np/isbn/9784339008951/

参考文献

1）鈴木陽一，赤木正人，伊藤彰則，佐藤洋，菅木禎史，中村健太郎：音響学入門，コロナ社（2011）

（羽田陽一，大川茂樹，木谷俊介）

Q 01

サンプリング定理をやさしく教えてください

サンプリング定理がどういうものかはわかるのですが，具体的なイメージがつかめません。なぜ折返し歪みのような問題が生じるのか教えてください。

A

> ざっくり言うと…
> ●離散化した連続信号から元の信号を復元できる条件
> ●サンプリング周波数は信号の最大周波数の2倍以上
> ●折返し歪み（エイリアシング）が生じるのを防ぐ

　暗闇の中，蛇口から一定の時間間隔で水滴が落ちている状況を想像してください（ホラーではありませんので安心してください）。これに一定の時間間隔で点滅するストロボを照射して，水滴が落ちる様子を観察することにします。ストロボの点滅は，一つの水滴が蛇口から地面に落ちるまでの間に4回としましょう。一つの水滴が地面に落ちた瞬間に，もう一つの水滴が蛇口から落ちることとします。この場合，**図1**（a）のように，一つの水滴を①→②→③→④の順で4回見ることができますので，水滴が蛇口から地面に繰り返し落ちる様子は，問題なく観察できます。

　次に，ストロボの照射間隔を2倍に長くしてみます。この場合，一つの水滴が蛇口から地面に落ちるまでに，ストロボは2回照射されます。図（b）の①→②の順です。このときも，なんとか水滴が落ちる様子は観察できますね。

　それでは，ストロボの照射間隔を図（a）のときから3倍に長くするとどうでしょうか。この場合，図（c）のように，最初の水滴が①→②の順で見えた後，次の水滴が③の位置で，さらにその次の水滴が④の位置で見えることになります。これが繰り返し観察できますので，このとき，水滴は地面から蛇口に向かって動いているように見えてしまいます。実は，これが**サンプリング定理**の

Q 01 サンプリング定理をやさしく教えてください

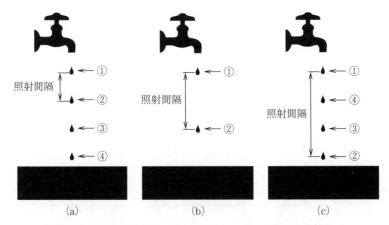

図1 蛇口から周期的に落ちる水滴にストロボを照射する例

条件が満たされず，いわゆる**エイリアシング**が生じている状態に対応します。

さて，信号処理に話を戻しましょう。

音響信号は現実世界においては連続的なものですが，計算機は離散的なデータしか扱えませんので，A-D 変換器などを使って信号を**離散データ**にする（サンプリングする）ことが必要になります。サンプリング定理とは，このサンプリングされた離散的な信号から，元の連続的な信号を完全に再構成するための条件のことを指します。

フーリエ級数展開（⇨Q03）の理論に基づけば，あらゆる周期的な信号は正弦波（cos 関数と sin 関数）の線形和として表すことができます。ここでは，対象とする信号が含む最大の周波数成分が，**図2（a）**のような正弦波であるとしましょう。これを1周期につき4回のサンプリングをします。この正弦波の周期を1秒（周波数は1Hz）とすれば，**サンプリング周波数**は4Hz ということになります。よって，サンプリング周波数は信号の周波数の4倍です。この場合，復元すべき信号は1Hz 以下の周波数をもつ正弦波としているので，サンプリングしたデータ点すべてを通る正弦波は，この条件下では元の信号に一意に定まります。

それでは，水滴とストロボの例のように，サンプリング周波数を小さくしてみましょう。図2（b）が，サンプリング周波数を 1/2，つまり信号の周波数

Q 01 サンプリング定理をやさしく教えてください

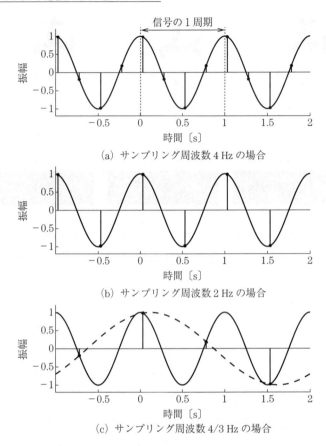

図 2　周波数 1 Hz の正弦波のサンプリング

の 2 倍とした場合ですが，この場合も元の信号を復元（再構成）可能です．しかし，図 2（c）のように，サンプリング周波数を 1/3 とした場合には，本来の 1 Hz の正弦波に加えて，破線で示すような正弦波である可能性もでてきてしまいます．これらの例は，それぞれ水滴とストロボの例に対応しています．

このように，「サンプリング周波数は，信号の最大周波数の 2 倍以上でなければならない」という，サンプリング定理が満たされないと，エイリアシングとして，本来とは異なる周波数成分が生じてしまいます．サンプリング定理が満たされている場合には，**sinc 補間**と呼ばれる操作によって，元の連続信号

が完全に再構成されます．なぜこのような条件になるのかを，連立方程式の解の一意性の観点から考えてみることにします．

フーリエ級数展開の理論に基づき，f_{max} を最大の周波数とするような時間信号 $y(t)$ を，cos 関数と sin 関数の線形和として表現してみましょう．信号の周期を T とし，時間のサンプリング間隔を Δt とすると

$$y(n\Delta t) = a_0 + \sum_{k=1}^{K}\left[a_k \cos\left(\frac{2\pi kn\Delta t}{T}\right) + b_k \sin\left(\frac{2\pi kn\Delta t}{T}\right)\right] \quad (1)$$

と書けます．ここで，n はサンプル点のインデックス，k は波数（1周期の間の波の数），a_k および b_k は**フーリエ係数**を表します．最大の波数 K と f_{max} とは，$f_{max} = K/T$ の関係を持ちます．このとき，各フーリエ係数がサンプル点からわかれば，信号が復元（再構成）可能ということになります．未知数であるフーリエ係数は $2K+1$ 個ありますから，1周期の間にサンプル点が $2K+1$ 個以上あれば，未知数と同じ数の独立な一次方程式を立てることができますので，元の連続信号を復元できるということになるわけです．サンプリング周波数を F_s と置くと

$$F_s \geq \frac{2K+1}{T} = 2f_{max} + \frac{1}{T} \quad (2)$$

という条件になります．周期的という条件をなくしていろいろな信号のことを考えるため，周期 T を無限大とすると，サンプリング周波数が信号の最大周波数の2倍以上という条件が導出できます．

したがって，連続信号を離散化する場合には，復元した最大周波数を考え，常にサンプリング定理を意識しておく必要があります．一般的には，サンプリング定理を満たさない周波数成分を低域通過フィルタによって除去する，**アンチエイリアシング**の処理を行います．

参考文献

1) 眞溪歩：ディジタル信号処理工学，昭晃堂（2004）
2) 樺島祥介：講義資料（Advanced Topics in Mathematical Information Sciences I），http://www.sp.dis.titech.ac.jp/syllabus/OverviewCS_Kabashima.pdf（2015年12月現在）

（小山翔一）

Q 02

畳み込みって何ですか？

畳み込みという言葉は講義や研究でよく耳にしますが，計算方法や意味がよくわかりません．簡単に教えてください．

A

> ざっくり言うと…
> ● 線形時不変システムの出力を求めるための演算
> ● インパルス応答の定数倍と時間遅れの総和
> ● 様々な分野で必要となる演算方法の一つ

音響学では，人間が発する音声は声帯振動と調音フィルタの**畳み込み**で表せる（⇨Q26）など，畳み込みは様々な分野で必要となります．

さて，二つの連続信号 $f(t)$ と $g(t)$ の畳み込みは以下の式で表されます．

$$(f * g)(t) = \int_{-\infty}^{\infty} f(\tau) g(t - \tau) d\tau \tag{1}$$

この畳み込みの式は何となくは覚えているが，畳み込みがよくわからない理由として「式から現象をイメージできない」という意見があります．また，畳み込みを説明する図では「関数を反転して推移させながら重ね足し合わせる」と記述されることが多いですが，畳み込み演算が物理的に何を行うのかがこの説明からはなかなか見えてきません．

畳み込みを理解するうえで一番重要なポイントは**線形性**と**時不変性**を満たす**線形時不変システム**を意識することです（⇨Q06）．システムとは**図1**に示すようにある入力 $f(t)$ を入力したら出力 $g(t)$ が得られる仕組みのことを指します．ここでは，$L[f(t)] = g(t)$ となるような線形時不変システム L を考えます．

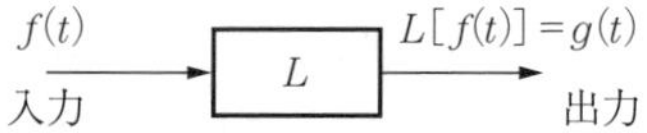

$$\underset{\text{入力}}{f(t)} \longrightarrow \boxed{L} \longrightarrow \underset{\text{出力}}{L[f(t)] = g(t)}$$

図1 線形時不変システム

ここで線形性とは，入力が定数倍されたり足し合わされたりしたら，出力も同様に定数倍されたり足し合わされるということ，また時不変性とは，入力の時間をずらしてシステムに入れたら，出力の時間も同様にずれるということです。

もう一つ，畳み込みを考えるうえで重要なのは，**単位インパルス** $\delta(n)$ **とインパルス応答** $h(n)$ を考えることです。ここから先では，信号を連続時間 t で考えるよりも，サンプリング（⇨Q01）した**離散時間**（サンプル時刻）n で考えたほうが楽なので，信号を離散時間信号として扱います。離散時間で考える単位インパルスとは，**図2**に示すような時刻0のときに振幅1の値があるような信号のことです。

$$\delta(n) = \begin{cases} 1 & (n=0) \\ 0 & (n \neq 0) \end{cases}$$

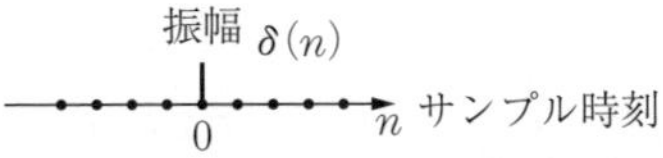

振幅 $\delta(n)$

サンプル時刻

図2 単位インパルス

また，インパルス応答とは，単位インパルスをシステムに入力したときの出力のことです。「(単位)インパルス(に対する)応答」と考えてください。ここで具体例を上げて説明します。線形時不変システム L がカラオケのエコー（響き）をかけるようなシステムであったとき，このシステムに単位インパルスを入力したらインパルス応答は入力信号が時間方向に伸びたようになります（**図3**）。

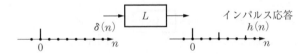

図3 エコーシステムにおける単位インパルス $\delta(n)$ と
インパルス応答 $h(n)$ の関係

上で述べた「線形時不変システム」と「単位インパルス」の二点を押さえれば，畳み込み演算とはどのようなものかをほとんど理解できたと言えます。例として，**図4**のような入力と出力の関係をもつシステムを考えます。

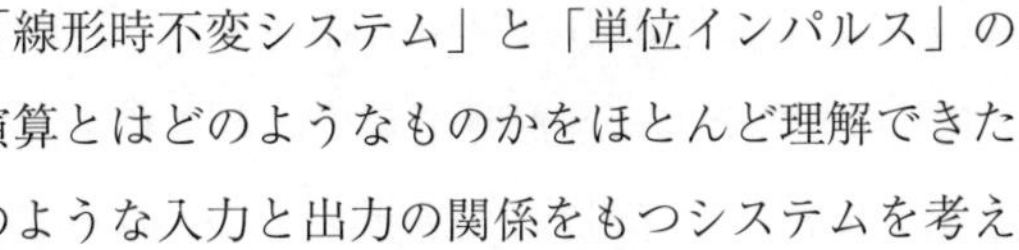

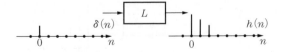

図4 ある線形時不変システムの単位インパルスと
インパルス応答の関係

Q 02　畳み込みって何ですか？

では，図4のシステムの入力を単位インパルス $\delta(n)$ ではなく，**図5**のような信号 $x(n)$ （$x(-1)=0$, $x(0)=1$, $x(1)=2$, $x(2)=1.5$, $x(3)=0$）にすると，出力 $y(n)$ はどのようになるでしょう。その出力を求める演算こそが畳み込み演算です。

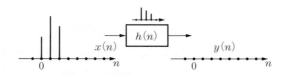

図5　図4の線形時不変システムの入力信号を変えた場合

「そんなのわかるわけがない」と思うかもしれませんが，大丈夫です。畳み込みを計算するために必要なことはこれまでにすべて述べました。特に線形性と時不変性を意識すれば簡単に求まります。いきなり図5の出力を計算しなさいと言われても難しいので，各時刻での入力と出力を分けて考えます。

まず，時刻 $n=0$ での入力と出力の関係について考えます。時刻 $n=0$ での入力の振幅 $x(0)$ は1です。振幅が1の単位インパルスを入力したときのシステムの出力が図4に示すようなインパルス応答でした。システムは線形であるため，出力は**図6**のようにインパルス応答そのものになります。

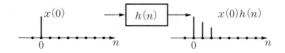

図6　時刻 $n=0$ における入力と出力の関係

次に，時刻 $n=1$ での入力と出力の関係を考えます。時刻 $n=1$ での入力の振幅 $x(1)$ は2です。システムは線形時不変であるため，出力は**図7**のようにインパルス応答を2倍にして時刻を1遅らせたものになります。

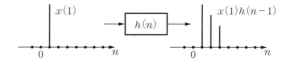

図7　時刻 $n=1$ における入力と出力の関係

同様に時刻 $n=2$ では入力の振幅が 1.5 のため，出力は**図 8** のようにインパルス応答を 1.5 倍して時刻を 2 遅らせたものになります。

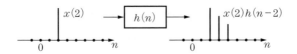

図 8 時刻 $n=2$ における入力と出力の関係

最終的な出力はこれらの出力の同時刻での総和になり，以下の式で表されます。

$$y(n) = \sum_{k=0}^{N-1} x(k) h(n-k) \tag{2}$$

また，畳み込みのイメージをつかむには**図 9** も有効ですので最後に紹介します[2]。図 9 は「おはよ」という発話 $x(n)$ にエコーをかけるインパルス応答 $h(n)$ を畳み込んだものです。図 9 に示すように，まず「お」は時間とともに小さくなります。次に「は」は 1 時刻遅れてから始まって徐々に小さくなります。出力信号は同じ時刻の信号が足されて出てきます。

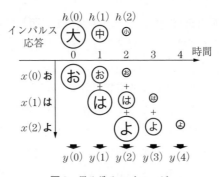

図 9 畳み込みのイメージ

参考文献

1) 鏡慎吾：やる夫で学ぶディジタル信号処理（2016 年 7 月現在）
   http://www.ic.is.tohoku.ac.jp/~swk/lecture/yaruodsp/main.html
2) 金田豊　http://www.asp.c.dendai.ac.jp/（2016 年 7 月現在）

（宮崎亮一）

Q 03

フーリエ変換をやさしく教えてください

参考書を読んでもすぐに積分が出てきて意味がわかりません。フーリエ変換とはどのようなもので，実際に何をしているのか教えてください。

A

> ざっくり言うと…
> ● どのような周波数の音が含まれているかを知るツール
> ● 正弦波との「似ている度合い」を計算している
> ● 計算の都合で正弦波の代わりに複素正弦波を用いている

音響も含め，理工学の様々な場面で欠かせない道具となっている**フーリエ変換**ですが，積分で書かれた以下の定義式

$$X(\omega) = \frac{1}{\sqrt{2\pi}} \int_{-\infty}^{\infty} x(t) e^{-j\omega t} dt \qquad (1)$$

の意味を理解するのが難しいという声をよく耳にします。そこで，ここでは式（1）の「意味」に重点を置いて，フーリエ変換を説明してみます。

その前に，フーリエ変換とはどのようなものか，ざっくりとイメージをつかんでおきましょう。

図1の左上の波形は時間変化する音響信号で，左下の三つの**正弦波**を足し合わせたものです。このように，たった3種類の正弦波だけでも左上のような複雑な波形を作ることができますが，足し合わされた波形そのものを眺めていてもその事実はわかりません。図の右側は，その波形をフーリエ変換した結果の絶対値を表しています。ご覧のとおり，3種類の正弦波に対応した三つのピークが明確に現れています。このようにフーリエ変換を用いることで，時間波形

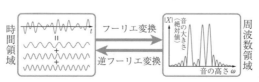

図1　時間領域と周波数領域の変換

を眺めていてもわからない「音の高さ（周波数）」に関する情報を得ることができ，どのような正弦波成分で構成された信号なのかを知ることができます。

さて，それでは「信号に含まれている正弦波成分」をどうやったら知ることができるでしょうか。フーリエ変換では，信号と正弦波とがどの程度似ているかという「似ている度合い」を計算しています。波形がどの程度似ているかを計る方法はいくつかありますが，フーリエ変換では「二つの波形の各時刻での値をかけ算し，それらをすべて足した値」を**類似度**として採用しています（**図2**）。

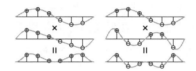

図2　二つの波形の要素ごとの積

簡単のため，＋と－が書かれた離散サンプル（⇨Q01）に注目してください。似ている波形同士（図の左側）は「＋と＋」「－と－」のかけ算で多くの値が＋になり，それらの和は正の大きな値になります。一方，似ていない波形同士（右側）は，かけ算をした結果＋と－が両方存在するので，それらの総和を取る際に＋と－が打ち消し合い，小さな値になります。このように，「各時刻でのかけ算をすべて足した値」を計算すれば，波形の類似度を知ることができるのです。しかし，**図3**の場合はどうでしょうか。

図3　位相の変化による要素ごとの積の変化

これらはすべて同じ周波数の正弦波なので，類似度は同じ値になるべきですが，平行移動の影響で異なった値になってしまっています。これは，正弦波が

$$\cos(\omega t + \phi) \tag{2}$$

のように，**角周波数** $\omega(=2\pi f)$ の他に**初期位相** ϕ によって定まる関数であり，上で説明した「類似度」は ϕ の値に直接影響を受けてしまうためです。この問題に対処するために，$\cos(\omega t)$ と $\sin(\omega t)$ の二つの正弦波を同時に考えます。

詳細は文献1）に譲りますが，図3のように一つの正弦波では類似度が正しく計算できない場合も，位相が$\pi/2$ずれた二つ目の正弦波との類似度も同時に計ることで，初期位相ϕの値に関わらず正しく類似度を計算することができます．ただし，二つの正弦波を別々に扱うのは面倒なので，**オイラーの公式**

$$e^{j\omega t} = \cos(\omega t) + j\sin(\omega t) \tag{3}$$

を利用して，**複素正弦波** $e^{j\omega t}$ にひとまとめにして計算します．

このように，初期位相の影響を受けない複素正弦波との類似度を計算することで，ある周波数の正弦波が信号にどの程度含まれているかを正しく調べることができます．実は，上で述べた「類似度」は，数学用語で「**内積**」と呼ばれる演算です．複素ベクトル $\boldsymbol{x} = [x_1, x_2, \cdots, x_N]^T$ と $\boldsymbol{z} = [z_1, z_2, \cdots, z_N]^T$ の内積 $\langle \boldsymbol{x}, \boldsymbol{z} \rangle$ は

$$\langle \boldsymbol{x}, \boldsymbol{z} \rangle = \sum_{n=1}^{N} x_n \overline{z_n} = x_1 \overline{z_1} + x_2 \overline{z_2} + \cdots + x_N \overline{z_N} \tag{4}$$

すなわち「各サンプルをかけ算し，それらをすべて足す」演算と定義できます（$\overline{z}$ は z の複素共役を表します）．複素正弦波の複素共役 $\overline{e^{j\omega t}} = \cos(\omega t) - j\sin(\omega t)$ は，式（3）と，$-\sin(\theta) = \sin(-\theta)$, $\cos(\theta) = \cos(-\theta)$ から $e^{-j\omega t}$ なので，フーリエ変換は「信号と複素正弦波との内積」

$$X(\omega_m) = \left\langle \boldsymbol{x}, \frac{1}{\sqrt{N}} e^{j\omega_m t} \right\rangle = \frac{1}{\sqrt{N}} \sum_{n=1}^{N} x(t_n) \overline{e^{j\omega_m t_n}} = \frac{1}{\sqrt{N}} \sum_{n=1}^{N} x(t_n) e^{-j\omega_m t_n} \tag{5}$$

なのです．ただし，$\boldsymbol{t} = [t_1, t_2, \cdots, t_N]^T$ としました．離散化や計算の都合上

$$X(m) = \sum_{n=0}^{N-1} x(n) e^{-j\frac{2\pi nm}{N}} \tag{6}$$

のように定義している文献も多いですが，「複素正弦波との内積」であることに変わりはないので，細かな違いは気にしなくていいかもしれません．

一般に，フーリエ変換した結果 $X(\omega) = \langle \boldsymbol{x}, e^{j\omega t} \rangle / \sqrt{N}$ は**複素数**になります．複素数は，実部と虚部を用いた表示の他に，振幅 $A = |X|$ と位相 $\phi = \arg(X)$ を用いて

$$X(\omega) = |X(\omega)| e^{j\arg(X(\omega))} = A(\omega) e^{j\phi(\omega)} \tag{7}$$

と表すこともできます．ただし，$|X| = \sqrt{\mathrm{Re}(X)^2 + \mathrm{Im}(X)^2}$ は X の絶対値，$\arg(X)$ は X の偏角です．$|X|$ を各 ω について表示したグラフを**振幅スペクトル**（図1の右側），ϕ を各 ω について表示したグラフを**位相スペクトル**と呼びます．

幾何学的には，以下のようにも解釈できます．**実数ベクトル**の内積の公式

$$\langle \boldsymbol{a}, \boldsymbol{b} \rangle = \|\boldsymbol{a}\|\|\boldsymbol{b}\|\cos\theta \tag{8}$$

を思い返せば，θ が「ベクトル $\boldsymbol{a}$ と $\boldsymbol{b}$ のなす角」を表すので，内積は「角度の一般化」であることがわかります．ただし，$\|\boldsymbol{x}\|$ はベクトル $\boldsymbol{x}$ の長さ（ノルム）を表します（$\|e^{j\omega t}\| = \sqrt{N}$ なので，式（5）などでは $1/\sqrt{N}$ によって正規化しました）．ベクトルの要素が複素数の場合に式（8）は成り立ちませんが，同様に「角度のような量」と捉えることはできます．音響波形は，各時刻の「数値の集まり」なのでベクトルと考えることができ，したがって，複素正弦波との「角度」を計算することで周波数成分を調べるのがフーリエ変換と言えます．内積（類似度）が大きいとき，二つのベクトルは同じ方向を向いており，内積がゼロ（すなわちなす角が 90°）のとき，それらのベクトルは「直交」していると言います．

ここまで，簡単のために離散信号を考えてきました．連続信号の場合も同様で，フーリエ変換は複素正弦波との内積と解釈できます．連続関数の内積は

$$\langle f, g \rangle = \int_{-\infty}^{\infty} f(t)\overline{g(t)}dt \tag{9}$$

によって定義することができます．式（4）と見比べれば，総和が積分に置き換わったものであることがわかります．これは，式（4）を区分求積だと思って，離散信号のサンプル数を無限にとった極限と考えることができます．便宜的に積分範囲を $(-\infty, \infty)$ としていますが，各関数の定義域が有限区間の場合は，積分範囲も有限でかまいません．離散の場合と同様に「複素正弦波との内積」を考えれば

$$X(\omega) = \left\langle x(t), \frac{1}{\sqrt{2\pi}} e^{j\omega t} \right\rangle = \frac{1}{\sqrt{2\pi}} \int_{-\infty}^{\infty} x(t)\overline{e^{j\omega t}}dt = \frac{1}{\sqrt{2\pi}} \int_{-\infty}^{\infty} x(t)e^{-j\omega t}dt \tag{10}$$

となり，式（1）と一致します．角周波数と周波数の関係 $\omega = 2\pi f$ で変数変換した

$$X(f) = \langle x(t), e^{j2\pi ft} \rangle = \int_{-\infty}^{\infty} x(t)\overline{e^{j2\pi ft}}dt = \int_{-\infty}^{\infty} x(t)e^{-j2\pi ft}dt \tag{11}$$

もフーリエ変換の定義としてよく用いられています．

参考文献

1) 金谷健一：これなら分かる応用数学教室，共立出版（2003）

（矢田部浩平）

Q04

z変換をやさしく教えてください

信号処理に用いられるz変換は，音波を何に変換する手法ですか？ フーリエ変換と何が違うのでしょうか？

A

> ざっくり言うと…
> ● z変換は音や伝達関数を何かの要素に分解する1手法
> ● その要素とは時間とともに振動しつつ増加・減衰する波
> ● さらにz^{-1}がディジタルの1時刻遅延を表すので便利

音波を分析する

音源の発した音波を**マイクロフォン**で収音し，コンピュータで分析することにより，私たちは実世界の音環境を都合よく処理できます。ここでいう**音源**とは，人間，スピーカ，また，日常生活での雑音源等を指します。音波の分析により，例えば，音声の効率的な伝送，心地よく響くコンサートホールの設計や，不快な雑音の除去が可能となります。音波の分析は，音を聞いて「いい音だ！」と思うことではありません。それは，料理番組のレポーターが「うまい！」とだけ述べることと同じです。視聴者としては，やはり「なぜうまいの？ どの具材が効いているの？」等を知りたいはずであり，音波の分析も，音波を何かの要素に分解することから始まります。みなさんは「音波を何の要素に分解するのか」に着目して以降の文章を読み進めてください。

フーリエ変換

音波を分解する方法のうち，最もよく知られた方法が，**フーリエ変換**です。フーリエ変換（⇨Q03）は，音波を「時間の経過とともに振動する波（複素正弦波）」に分解する方法です。**図1**に示すように，固有の振動の速さ（音の高さ，周波数）で振動する各要素は，それぞれ固有の波の大きさ（音の強さ，振

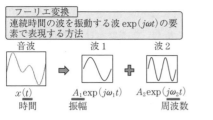
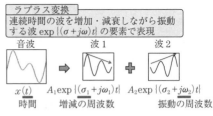

図1 フーリエ変換　　　　　図2 ラプラス変換

幅）と時間的なズレ（位相）を持ちます。ただし，位相についてはここで扱いません。振動する波は**複素正弦波** $\exp(j\omega t)$ で表現されます。j は虚数単位です。

ラプラス変換

ここで，「音波は振動するだけなのか？」という疑問をみなさんに投げかけます。例えば，カラオケのエコー機能は，マイクロフォンで収音した歌声を響かせることで，魅力的な歌声を再生します。一方で，マイクロフォンの設定を間違うと，声が急に大きくなり最終的にキーンという不快音を再生します。講演会でありがちなハウリングですね。これらの例において，音波は時間とともに小さく，または，大きくなるように変化します。この時間的な増減を利用し，音波を「時間の経過とともに振動しつつ増加・減衰する波」に分解する方法が**ラプラス変換**です。フーリエ変換の波は指数部に虚数 $j\omega t$ のみをもちますが，**図2**に示すように，ラプラス変換の波は複素数 $(\sigma + j\omega)t$ をもちます。$\sigma > 0$ は時間とともに増加，$\sigma < 0$ は時間とともに減少，$\sigma = 0$ はフーリエ変換と同様に振動のみの波を表します。

離散フーリエ変換

残念ながら，フーリエ変換とラプラス変換をコンピュータでそのまま扱うことはできません。なぜならば，扱う音波の時間 t は連続値だからです。実世界の観測値をコンピュータで取り扱う場合，連続時間 t を離散化して離散時間 n の観測値に変換します（実際には観測値自体も量子化する必要があります）。コンピュータに取り込んだ音波に対してフーリエ変換を適用可能にした手法が**離散フーリエ変換**（DFT）です。Dは，DigitalではなくDiscrete（離散）の略です。まとめると，離散フーリエ変換はコンピュータを使って音波を「時間の経過と

Q04 z変換をやさしく教えてください

ともに振動する波」に分解する方法です。場合によっては，DFT よりも FFT (Fast FT) のほうが聞き慣れた単語かもしれません。**高速フーリエ変換**（FFT）は，音波の時間長に制約を設けることで，より高速な DFT を行う方法です。

z 変換

さて，いよいよ本題の **z 変換**です。ここまでを丁寧に読んでいただければ，「あれ？ コンピュータでラプラス変換を扱う方法はないの？」と思うはずです。そう，それが z 変換です（**図 3** 参照）。**図 4** に示すように，z 変換は，コンピュータを使って音波を「時間の経過とともに振動しつつ増加・減衰する波」に分解する方法です。z は複素数 $a + jb$ で与えられ，波 z^n は

$$z^n = (a+jb)^n = \exp\{(\sigma+j\omega)n\}, \sigma = \ln\sqrt{a^2+b^2}, \omega = \tan^{-1}\frac{b}{a} \quad (1)$$

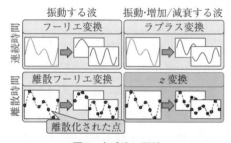

図3　各手法の関係

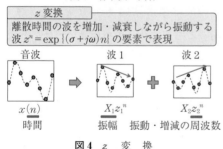

図4　z 変換

に変形されます。つまり，z^n はラプラス変換と同様の形式で与えられるのです。

フーリエ変換とラプラス変換の関係を応用すれば，$\sigma=0$ を式（1）に代入すると，離散フーリエ変換の要素になることがわかります。言い換えると，z 変換で取り扱う円座標（大きさ $\exp(\sigma)$ と角度 ω からなる 2 次元の極座標）のうち，単位円上における各座標の ω が，離散フーリエ変換で扱われる周波数に対応します。

z 変換を使って音の特性を知る

最後に，z 変換と音波の関係の一例を示します。**図 5** 上のような部屋において音波を収音します。音源の発した音波は空気中を伝搬して，まず直接マイクロフォンに収音されます。次に，音波は壁で 2 度反射して，再度マイクロフォ

Q04　z変換をやさしく教えてください

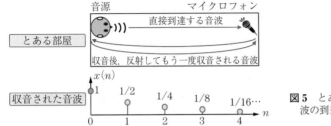

図5　とある部屋における音波の到来と収音された音波

ンに収音されます．ここでは，収音ごとに波の大きさが半分になるものとします．反復的な反射により，図5下のような音波がコンピュータに保存されます．この音波 $x(n)$ は，**デルタ関数** $\delta(n)$ を用いて次式で表されます．

$$x(n) = \delta(n) + \frac{1}{2}\delta(n-1) + \frac{1}{4}\delta(n-2) + \frac{1}{8}\delta(n-3) + \cdots \quad (3)$$

さらに，この z 変換 $X(z)$ は，次式のように変換されます．

$$X(z) = 1 + \frac{1}{2}z^{-1} + \frac{1}{4}z^{-2} + \frac{1}{8}z^{-3} + \cdots = \sum_{n=0}^{\infty}\left(\frac{1}{2}z^{-1}\right)^n$$

$$= \frac{1}{1 - \frac{1}{2}z^{-1}} \quad (4)$$

式（3）と式（4）を比較すると $\delta(n-1)$ が z^{-1} に対応することがわかります．この理由については文献1）に説明を譲りますが，ここでは z^{-1} が1時刻遅れに対応することを覚えておくと便利でしょう．z に任意の周波数の値を代入することで，各要素の振幅（と位相）を獲得できます．エコーのように反復的な収音を含む場合，式（4）の分母は z の多項式からなります．ここで，式（4）の $\frac{1}{2}$ を2に置き換えてみましょう．図5の音波が時間とともに無限大に増幅されることがわかります．これが**ハウリング**です．ハウリングは，収音機器に含まれるアンプにより増幅（例えば2倍）した音を，マイクロフォンにより再び収音することで発生します．このように，z 変換により，コンピュータを用いて音波の特性を知ることができるのです．

参考文献

1）三谷政昭：Scilabで学ぶディジタル信号処理，CQ出版社（2006）

（高道慎之介）

Q 05

窓関数って何ですか？

音の解析をするとき，窓関数を信号に掛けると元の信号の形が変わってしまう気がします。元の信号の形を変えてまで必要になる窓関数って何ですか。

A

> ざっくり言うと…
> ● フーリエ変換で信号の周波数特性を得るために必須
> ● 窓関数には種類があり，用途に応じて選択することが大切
> ● 窓関数の種類と特徴はその周波数特性で理解できる

音の信号処理を勉強し始めると，教科書で**図1**のような窓関数を目にすることがよくあると思います。**窓関数**は，フーリエ変換（⇨Q03）等の音の解析のための計算を行う前，対象となる信号に乗算する必要があると言われています。

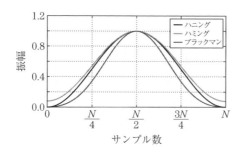

図1 窓関数

図2を例に，窓関数を使用するとどのようなことが起こるのか見てみましょう。図2（a）に原信号（時間信号），図2（b）に窓関数（ここではハニング窓），図2（c）に図2（b）の窓関数を図2（a）に掛けた信号を示します。図2（a）と図2（c）を比較すると，その信号の形は大きく異なります。このままでよいのでしょうか。

ここで，**図3**に図2のそれぞれの信号の**周波数特性**を示します。図3（b）の特性を見てわかるように，窓関数のフーリエ変換後の周波数特性はほぼイン

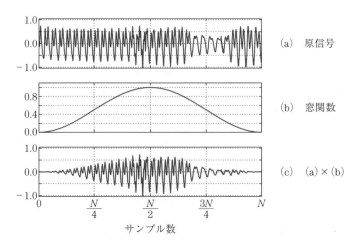

図2 原信号と窓関数による処理後の音波形（時間信号）の比較

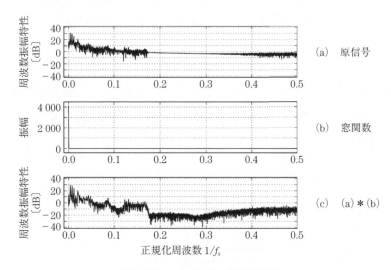

図3 図2の時間信号の周波数特性

パルスであり，周波数0以外でほとんどパワーを持たないことがわかります。

また，フーリエ変換の性質より，図2で示した時間軸上での窓関数の乗算は，周波数軸上では図3（b）に示す窓関数の周波数特性と，図3（a）の原信号の周波数特性との**畳み込み**（"＊"演算子で示す）となります．時間信号の畳み込み（⇨Q02）が周波数領域の掛け算となっていることは周知の事実で

Q 05 窓関数って何ですか？

すが，逆も成り立つのです[1]。したがって，窓関数の周波数特性が原信号の周波数特性に畳み込まれても，原信号にインパルスを畳み込むこととほぼ等しいので，図3（a）と図3（c）はほぼ等しい特性となるはずです。しかし，実際には図3（a）と図3（c）を比較すると大きな特性の差が見えます。実は，窓関数を掛けなかった，元の信号の周波数特性である図3（a）は，図2（a）の正確な周波数特性にはなっていないのです。そして，窓関数の乗算を行った図2（c）の周波数特性である図3（c）がより正確な元の信号の周波数特性を示しているのです。これはなぜでしょうか。

図3（a）の信号はある時間信号の一区間を切り出したものであると考えられます。これは，**図4（a）** に示す矩形窓で切り出された信号であるとも言えます。よって，周波数特性には図4（b）の**矩形窓**の**パルス**が畳み込まれることとなります。図4（c）に，図4（b）のパルスの振幅のlogを取り，周波数軸原点付近で拡大した周波数特性を示します。図3（a）の特性に図4（c）のようにインパルスとは異なる周波数特性が畳み込まれることとなりますので，窓関数を使用せずに切り出した信号の周波数解析を行うと，全周波数帯域にわたって原信号とは関係のない周波数成分が生じることがわかると思います。

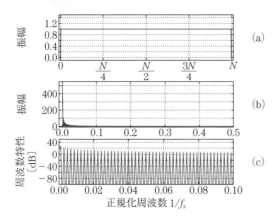

図4 矩形窓とその周波数特性

一方で，図3（b）のように，矩形窓以外の窓関数の周波数特性は原点付近で大きな値を取り，インパルスに近い形状になっていることがわかると思います。**図5**に図1の窓関数の周波数特性を示します。いずれも図4で示した矩形

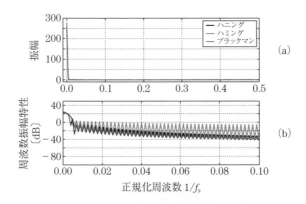

図5 窓関数とその周波数特性

窓の周波数特性より，よりインパルスらしい形をしていることがわかります。したがって，窓関数を用いない場合に比べ，窓関数を用いることで真の周波数特性に近い特性を得ることができそうだということがわかります。

次に，窓関数の種類の違いについて見てみましょう．図5（b）に図5（a）の周波数特性の原点付近の特性を示します．まず，原点付近のインパルス成分（これを**メインローブ**と呼びます）の鋭さが異なります．また，原点以外におけるメインローブ以外の成分（これを**サイドローブ**と呼びます）の**減衰**の速さも異なります．前述のとおり，メインローブが鋭く，かつサイドローブがすぐに収束するようなインパルスらしい特性であれば，正確な解析ができそうです．しかし，図5より，窓関数はこの二つの特性のいずれかを良くしようとすると，もう一方が悪くなる**トレードオフ**の関係が生じることがわかります．この点を踏まえ，用途に応じて適切な窓関数を選択することが大切であることがわかります．なお，一般的には最もバランスのよいハニング窓関数がよく用いられます．

最後に，窓関数は上述のとおり，大変便利で大切な関数ではありますが，周波数軸上での畳み込みなので，元の信号にない周波数成分を生じさせる**非線形**な処理であることは頭のかたすみに置いておきましょう．

参考文献

1) H.P.スウ（佐藤平八訳）：フーリエ解析，森北出版（1979）

（鎌土記良）

Q 06

加工した音は元に戻りますか？

　音を加工する方法はいくつもありますが，逆に，加工した音だけから元の音を完全に復元できるのでしょうか。また，音を元に戻せないとしたら，なぜ戻せないのでしょうか。

A

> ざっくり言うと…
> ●加工とは，入力音から意図した出力音を作り出すこと
> ●どのような加工がなされたかの事前情報がないときには基本的には元の信号には戻らない
> ●非線形に加工処理された信号は，まず無理

　「音の加工」を，ここでは入力音から意図した出力音を作り出すことととらえて考えていきます。例えばコンサートホールで声を出したり楽器（⇨Q48）を演奏したりすると，声や楽器音に響きが付いて聞こえます。また，エレキギターに代表される電気楽器は音を歪ませることで迫力のある音にすることがあります。このように音楽的な観点からは，響きを付ける（⇨Q02），音質を変える，音を時間変化させる，音量を均一にする，雑音を取り除くなど，様々な加工が挙げられます。

　ディジタル信号処理の観点からは，音の加工を線形性と時変性の組合せによって分類することができます。

　線形性は，入力レベルと出力レベルの関係が等倍率かどうかということです。線形であれば**図1**のように入力の変化幅が同じなら入力の大きさにかかわらず出力も同じ変化幅になります。非線形では入力の変化幅が同じでも入力の大きさによって出力の変化幅が変わります。

　時変性は，同じ出力が入力の時刻によらず得られるかどうかということで

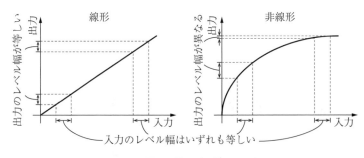

図1 線形性

す。時不変では**図2**のように入力から出力までの時間が常に一定で，信号の時間間隔やレベルの変化率が保持されます。時変ではどの時刻に入力したかによって出力までの時間や出力レベルが異なります。

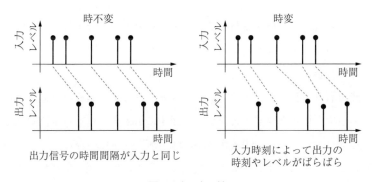

図2 時変性

　線形・時不変な加工のなかで最も単純な**ディレイ**は，入力された音をやまびこのように繰り返すものです。例えば，**図3**のように2音の入力があったときには，それぞれの入力に対してやまびこが付加されます。単純な加工なので出力だけから元の音に簡単に戻すことができそうですが，出力ではそれらが**重畳**されるので，もともと何と何が足されたのかを求めるのは単純ではありません。これは，5という数がもともと1＋4だったのか2＋3だったのか，はたまた1＋1－0.5＋3.5だったのかを推測するような問題です。加工の条件（遅延信号の個数，遅延時間，利得など）が既知でないと完全に解くことができません。

Q06 加工した音は元に戻りますか？

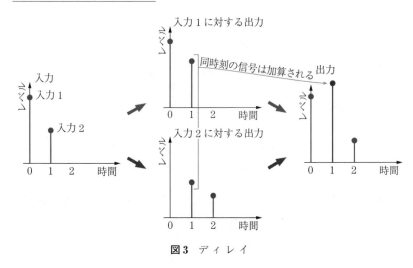

図3　ディレイ

　部屋などの残響音を模す**リバーブ**は，多くのディレイを重畳したものだと考えられますので，ディレイ同様に加工の条件が既知でないと元の信号を得ることは難しいでしょう。

　次に**非線形システム**の代表である**ディストーション**（**歪み**エフェクト）を考えます。中でも単純な**クリッピング**は，**図4**に示すようにある音圧範囲を超えた信号をクリップする（むりやり指定の音圧範囲におさめる）ことで歪ませ，入力音を激しい音に変化させます。指定したしきい値を超えた部分に入っていた波形の情報は失われてしまい，一度失われた情報を完全に戻すのは不可能です。

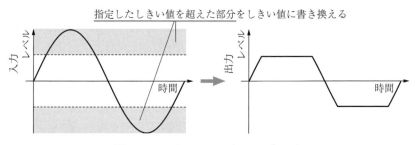

図4　ディストーション（クリッピング）

クリッピングなどの**非線形歪み**を周波数領域で見ると**図5**のようになります。原音にはなかった成分が追加されますが，加工音だけを見ても追加されたのはどの成分なのか区別することが難しいため，このような観点からも，非線形システムで加工された音を元に戻すのは困難であると言えます。

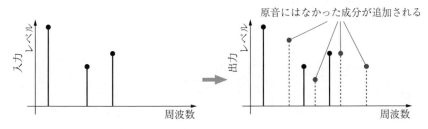

図5　ディストーション（クリッピング）

ここでは説明しませんが，時変システムによる音の加工を元に戻すのが難しいことも少し考えるとわかると思います。

結論としては，一般にはどのような加工を施したかの情報が得られない状態では，加工された信号を完全に元通りにするのは不可能か，可能であってもとても困難であると言えます。

一方で，どのように加工したかの情報がある場合は原信号が完全に復元できることがあります。また，**ノイズ除去**（⇨Q09），**音源信号分離**（⇨Q10），**残響成分除去**などをはじめとする研究分野では，加工についての条件を仮定することによって，完全ではないものの元の信号に近い音を抽出することができています。

参考文献

1) 小坂直敏：サウンドエフェクトのプログラミング―Cによる音の加工と音源合成―，オーム社（2012）
2) 藤沢ほか：小特集「音楽制作を彩る音づくりの技術"エフェクタ"」，日本音響学会誌，**68**, 7, pp.343-368（2012）
3) Udo Zölzer 編：DAFx：Digital Audio Effects, Second Edition, Wiley（2011）

（丸井淳史）

Q 07

共鳴って何ですか？

共鳴の起こる仕組みや周波数について教えてください。また，どのような目的で使われるのでしょうか。

A

> ざっくり言うと…
> ●固体や空間の大きさで決まる，ある特定の周波数で大きく振動すること
> ●特定の周波数の音を大きくするために使われる
> ●特定の周波数の吸音に使われる

すべての物体や空間は，その形状で決まる**固有周波数**というものをもっており，物体や空間に固有周波数の音や振動を与えると，物体や空間で**定在波**が生じることで，より大きな音や振動が起こります。このように大きな音や振動が起こることを**共鳴**と呼びます。橋の崩落や地震時の高層ビルの揺れなどで問題になる「共振」という言葉がありますが，「共鳴」は「共振」と同じ原理に基づく現象です。ここでは固有周波数の算出方法，共鳴が私たちの生活にどのように使われているのかを説明します。

固有周波数の算出

はじめに，代表的な形状について固有周波数の算出方法を簡単に示します。詳細な算出方法については文献1)を参照してください。

共鳴管　音の**波長**に比べて十分小さい直径を持つ長さ l の管では1次元の定在波が生じます（**図1**）。片方の端部のみ閉じている管（**閉管**）では必ず閉端で**節**，開口端で**腹**となるため，管の長さが1/4波長，3/4波長，…に対応する，次式で求められる固有周波数 f_{2n-1} で共鳴を生じます。以降，c は音速です。

$$f_{2n-1} = \frac{c(2n-1)}{4l}, \quad n = 1, 2, 3, \cdots \tag{1}$$

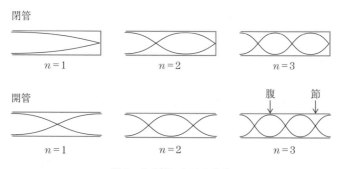

図1 共鳴管における共鳴

また,両端が開いている管(**開管**)では両端が腹となり,管の長さが1/2波長,1波長,…に対応する周波数で共鳴を生じるため,固有周波数 f_n は

$$f_n = \frac{cn}{2l}, \quad n = 1, 2, 3, \cdots \tag{2}$$

となります。実際には,開口端の腹の位置は,その付近の空気の影響を受けて管の少し外側になるため,固有周波数はこれらの式で計算される周波数よりも低くなります。これを補正することを**開口端補正**と呼びます。

共鳴管の性質を生かした定在波の可視化,また,気体の音速を求める方法が1866年にクントにより考案されました。共鳴管内にコルクの粉のような軽い粒状物体を入れ,片方の端部に設置したスピーカから共鳴管の固有周波数の音を出します。このようにして,管内で共鳴を起こすと粒状物体は定在波の腹となる部分で大きく立ち上がって振動し,節となる部分では動かない様子が観察されます。その腹と節の位置から定在波の波長がわかり,共鳴管内の気体の音速を算出することができます。**図2**は共鳴管内に粒状の発泡スチロールを入れて共鳴させたものです。定在波の腹となる管の中央部で粒子が大きく立ち上

図2 クントの実験の様子

Q07 共鳴って何ですか？

る様子を見ることができます。

矩形室 図3のような矩形の空間内では，x, y, z 軸方向のそれぞれの辺に沿った定在波が生じます。次の式で固有周波数が求められます。

$$f = \frac{c}{2}\sqrt{\left(\frac{m_x}{L_x}\right)^2 + \left(\frac{m_y}{L_y}\right)^2 + \left(\frac{m_z}{L_z}\right)^2}, \quad m_x, m_y, m_z = 0, 1, 2, \cdots \quad (3)$$

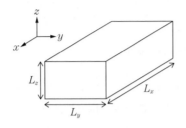 

図3 矩形室の共鳴　　図4 ヘルムホルツ共鳴器

ヘルムホルツ共鳴器 図4に示すような，壺やフラスコのような形状の容器は**ヘルムホルツ共鳴器**（単一共鳴器）として知られています。ジュースのビンの口に息を吹きかけ，ボーッという音を出したことがある方もいるかもしれません。これはビンが共鳴器として働いており，ビンの内部で共鳴が起こることによって大きな音が出るのです。ヘルムホルツ共鳴器における容器部分の空気の圧縮をバネ，首部分の空気を質量とみなすと機械モデルの単一共振系と同じように考えることができ，**共振周波数** f は次式により求められます。

$$f = \frac{c}{2\pi}\sqrt{\frac{S}{LV}} \quad (4)$$

ここで V は容器部分の容積，S は首部分の断面積，L は首の長さです。ここでも厳密には開口端補正を行う必要があります。

ヘルムホルツ共鳴器で共鳴が起こると首部分で激しく空気が振動します。このとき，断面積の小さい首部分では空気と壁面の間で摩擦が生じるため，音響エネルギーが熱エネルギーへ変換され，振動の減衰が起こります。これを利用し，ヘルムホルツ共鳴器は吸音装置としても用いられます。

生活の中の共鳴

次に，共鳴が利用されている例をいくつか挙げます。音を大きくしたり吸音

したりと，相反する性質をもつ共鳴ですが，私たちの身の回りには共鳴を利用したものが多くあります。しかし，ある物体や空間のもつ固有周波数が不要な音の周波数と一致してしまうと，意図しない共鳴が起こり，その音を大きくしてしまう恐れがあるため注意が必要です。

　楽　器　多くの楽器は共鳴によって大きく音を鳴らしています（⇨Q48）。例えば，バイオリン等の弦楽器は弦の振動が駒を通して**共鳴胴**へ伝わります。そしてその振動は，共鳴胴で大きく増幅され，私たちが普段聞いているような音色になります。一方，管楽器では管の共鳴によって音程が作られていると考えることができます。ピストンの操作や音孔を塞ぐことで管の長さを変え，固有周波数を変化させています。また，マリンバなどの木琴には音板の下に下端閉鎖のパイプが取り付けられています。このパイプは音程によって長さが異なるものが取り付けられ，共鳴管（閉管）として作用します。音板の振動がパイプで共鳴することで，ホールでも聞こえるような大きな音で演奏することが可能になります。

　人の声　人の声は声帯で生成された声帯音源が声道（声帯から口唇までの口腔内や鼻腔）で共鳴することによって声になります。私達は無意識に喉や口の形を変化させて声道の形を変え，言葉を発しているのです（⇨Q33）。

　室内の音場調整　教会と聞くと礼拝堂に響く音を想像する人も多いのではないでしょうか。このような室内の綺麗な音の響きを作るためにも共鳴現象が利用されています。古くから，共鳴器には吸音効果があることが知られており，音の響きを調整する目的で中世ヨーロッパに建てられた教会の壁に壺が埋め込まれた例もあります。また，学校の音楽室等で使用されている小さな孔の空いている壁材（有孔板）は，たくさんの共鳴器の集合と考えることができ，一つひとつの穴が共鳴器の首部分，背後空気層が共鳴器の容器部分の役割を果たしています（⇨Q21）。

参考文献
1）一宮亮一：機械系の音響工学，コロナ社（1992）

（阿久津真理子）

Q 08

粒子速度と音圧と音速と周波数の関係をやさしく教えてください

　粒子速度や音圧，音速や周波数という言葉を音響学の教科書などで見かけます。それぞれの意味は何となくわかるのですが，お互いにどのような関係にあるのかをわかりやすく教えてください。

A

> ざっくり言うと…
> ●粒子速度は音圧勾配に比例する
> ●粒子速度は周波数に反比例する
> ●音速は粒子速度や音圧とは無関係な媒質固有の定数

　粒子速度，**音圧**，**音速**，**周波数**の関係を理解するには，それらの他にもいくつか理解しておかなければならない事柄があります。ここでは，**波動方程式**の導出とその解を考えることで，それらの関係を説明したいと思います。

　空気は窒素や酸素などの気体が混じりあったものですが，大雑把に見れば，一つの気体として取り扱っても差し支えありません。この空気の非常に小さい一部分を切り取ったものを空気粒子と呼びます。**空気粒子**は周りの空気から圧力を受けていますが，その圧力と大気圧との差を音圧と呼びます。大気圧はすべての方向から同じ大きさで作用するため，空気粒子の運動には影響を与えません。しかし，空気粒子の周辺の音圧に差がある場合，空気粒子は高い音圧に押され，また，低い音圧に引っ張られて運動します。その際の空気粒子の運動の速度を粒子速度と呼びます。粒子速度の時間微分である加速度は，運動の第2法則より，音圧の傾きに比例します。

　簡単のため，ある一方向（x方向）のみに音圧の差が生じている状況を考えれば，加速度と音圧勾配の関係は

$$\rho \frac{\partial v}{\partial t} = -\frac{\partial p}{\partial x} \tag{1}$$

Q.08 粒子速度と音圧と音速と周波数の関係をやさしく教えてください

と記述され,これを運動方程式と呼びます。ここで,ρ は空気の密度,v は粒子速度,p は音圧を表します。一方,空気粒子は,圧縮されて小さくなると音圧が高くなり,逆に,膨張して大きくなると音圧が低くなる性質をもっています。その際の音圧は,断熱変化を仮定した理想気体の状態方程式より,空気粒子の体積変化率に比例します。また,x 方向のみの圧縮膨張を考えれば,体積変化率は空気粒子の変位を u として $\partial u / \partial x$ と表すことができます。したがって,音圧と**変位勾配** $\partial u / \partial x$ との関係は

$$p = -\kappa \frac{\partial u}{\partial x} \tag{2}$$

と記述され,これを音圧に関する連続方程式と呼びます。ここで,κ は体積弾性率と呼ばれる比例定数を表します。運動方程式や連続方程式の詳細な導出については文献1)を参照してください。

さて,ここで

$$v = -\frac{\partial \varphi}{\partial x} \tag{3}$$

を満たす関数 φ を考えます。φ は,その勾配に負符号をつけた量が粒子速度を表す関数であり,粒子速度を生じさせる量という意味合いから,**速度ポテンシャル**と呼ばれます(図1参照)。

これを式(1)に代入すれば

$$-\rho \frac{\partial^2 \varphi}{\partial t \partial x} = -\frac{\partial p}{\partial x} \Leftrightarrow \rho \frac{\partial \varphi}{\partial t} = p + C \Leftrightarrow p = \rho \frac{\partial \varphi}{\partial t} + C \tag{4}$$

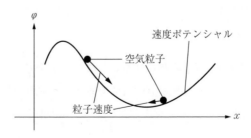

図1 速度ポテンシャルと粒子速度の関係のイメージ

となります。C は積分定数ですが，φ が常にゼロの場合は，粒子速度もゼロ，すなわち，空気粒子の運動が生じていない状態を表すため，音圧もゼロになります。したがって，C もゼロとなり

$$p = \rho \frac{\partial \varphi}{\partial t} \tag{5}$$

という関係が導かれます。

　次に，式（2）を両辺時間微分すれば，空気粒子の変位 u の時間微分が粒子速度 v であることから

$$\frac{\partial p}{\partial t} = -\kappa \frac{\partial v}{\partial x} \tag{6}$$

となり，ここに式（3），（5）を代入すれば

$$\frac{\partial^2 \varphi}{\partial t^2} = \frac{\kappa}{\rho} \frac{\partial^2 \varphi}{\partial x^2} \tag{7}$$

が導かれます。これを速度ポテンシャルに関する波動方程式と呼びます。ここで

$$\varphi = f(ct - x) + g(ct + x) \tag{8}$$

を考えます。$f(ct - x)$ は，任意の x の位置で，時刻 $t = x/c$ のときに $f(0)$ と同じ値をとるので，$f(0)$ の値が x の正方向に速度 c で移動する関数を表します。$f(0)$ 以外の値も同様に移動するので，結果として，ある時刻 t_0 において $f(ct_0 - x)$ で表される速度ポテンシャルの分布全体が x の正方向に速度 c で移動することになります。一方，$g(ct + x)$ は x の負方向に移動する関数を表します。この速度ポテンシャルの分布が移動する速度 c を音速と呼びます。式（8）を式（7）に代入し

$$c^2 \varphi = \frac{\kappa}{\rho} \varphi \Leftrightarrow c = \sqrt{\frac{\kappa}{\rho}} \tag{9}$$

とすれば，式（8）が式（7）の解となることがわかります。また，音速が体積弾性率と密度で表現できる媒質固有の定数であることもわかります。なお，式（8）で表される波動方程式の一般解を**ダランベールの解**と呼びます。

最後に，x の正方向に伝搬する周波数 f の純音を考えます．このとき，速度ポテンシャルは，時間項を $\exp(j\omega t)$ とすれば

$$\varphi = A\exp(-jkx)\cdot\exp(j\omega t) = A\exp\{j(\omega t - kx)\} \tag{10}$$

と表すことができます．ここで，$\omega = 2\pi f$ は角周波数，A は振幅であり，k を波数，ωt を位相と呼びます．k が正の値をとり，かつ式 (10) がダランベールの解の一つであるためには，$j(\omega t - kx)$ が $ct - x$ の定数倍となる必要があります．これより

$$k = \frac{\omega}{c} \tag{11}$$

が導かれます．式 (10) を式 (5) に代入すれば $\varphi = p/(j\omega\rho)$ となり，これを式 (3) に代入することで

$$v = -\frac{1}{j\omega\rho}\frac{\partial p}{\partial x} = -\frac{1}{2j\pi f\rho}\frac{\partial p}{\partial x} \tag{12}$$

の関係が得られます．これより，粒子速度が音圧勾配に比例し，周波数に反比例することがわかります．また，音速 c と周波数 f には，波長を λ とすれば

$$c = f\lambda \tag{13}$$

の関係があります（**図 2** 参照）．

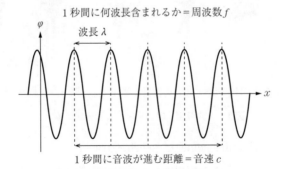

図 2 純音の波長と音速と周波数の関係

参考文献

1) 豊田政弘, 編著：FDTD 法で視る音の世界, コロナ社（2015）

（豊田政弘）

Q 09

音声強調,雑音抑圧,音源分離の違いって何ですか?

　音響の分野では,マイクロフォンで収音された信号から,目的の音を取り出す技術について盛んに研究されています。しかし,その技術について,音声強調,雑音抑圧,音源分離といった異なる種類の単語が使われることが多いです。

A

> ざっくり言うと…
> ●音声強調は,目的音が音声であることに注目した処理
> ●雑音抑圧は,雑音を推定して取り除く処理
> ●音源分離は,混じりあった2音声などを優劣なく分離

　音声強調,**雑音抑圧**,**音源分離**の区別を明示的に定義した文献を見たことがありません。よって,著者なりの解釈を以下に示したいと思います(**図1**)。

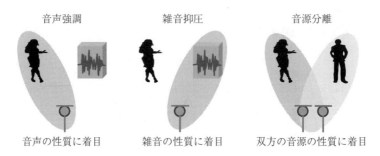

図1　音声強調,雑音抑圧,音源分離の違い

　音声強調(speech enhancement, speech extraction)
　目的音が音声であることを前提とし,目的の音声のみをクリアに取り出す分離処理を指します。目的の音声さえクリアに取り出せれば,残りの信号(例えば,周囲の雑音)は復元される必要がありません。目的音を音声に限定しているため,音声信号の性質をモデル化した分離処理を指すことが多いと考えます。

例えば，文献 1) では，雑音が混じり込んでいないクリーンな音声のデータベースを用いて事前に音声モデル（⇨Q25）を構築し，それを利用することで音声強調を実現する方式が提案されています．決定論的に**音声らしさ**とは何かを定義することは困難ですが，統計的に音声らしさを表すことは可能です．例えば，人間の有声音は，声帯の基本周波数とその倍音関係にある帯域の成分が強くなるような調波構造をもつことが知られています．フィルタバンクを通過した後のクリーン音声を，例えば統計的なモデルでフィッティングすることで，何らか周囲雑音とは異なる性質をもつ音声のモデルが構築されるはずです．音声，あるいは雑音らしさを短時間フレームで各々推定することで，音声を強調するようなフィルタを計算することが可能になります．

文献 1) では，一つのマイクロフォンで観測した信号に対する音声強調について述べられていますが，基本概念は，マイクロフォンのチャネル数は一つに限定されません．例えば，文献 2) は，マイクロフォンアレイを用いて受音した場合における文献 1) の方式の拡張について述べています．目的音の到来方向に対して焦点形成型の**ビームフォーミング**（⇨Q11）を適用し，空間的な指向感度差を利用して雑音のパワースペクトルの推定精度を高めることで，音声，あるいは雑音らしさを精度よく推定することを狙いとしています．

なお，音声のモデルを用いた 2 種類の音声強調方式を例示しましたが，音声モデルを用いなくても音声を強調することを目的とした研究タイトルには，音声強調という単語を使用していることもあるようです．

雑音抑圧（noise reduction, noise suppression）

雑音の性質に着目し，雑音がどのような波形またはスペクトルを持つのかを推定して，収音した信号から取り除く処理を指します．強調して収音する信号の性質については仮定を置かないので，目的音が音声であろうが楽音であろうが関係なく動作する方式であると言えます．一方で，雑音の性質についてはモデルを仮定するので，仮定したモデルから大きく逸脱するような雑音が混在する場合には，性能が劣化してしまう可能性があります．

雑音抑圧の代表的な処理として，**スペクトルサブトラクション**があります．

Q 09 音声強調,雑音抑圧,音源分離の違いって何ですか?

観測した信号から雑音のスペクトルの平均値を推定し,雑音を含む観測信号から差し引くことで,雑音レベルを低減することを可能とします。雑音のスペクトルを観測環境にできるだけ依存することなく推定するために様々な研究が報告されていますが,空調雑音のような時間的な定常性が高い雑音を仮定する場合には,音声などの目的音が発声されていない時間における時間平滑化処理等で推定できると考えられます。観測信号と雑音のパワースペクトルさえ得られれば,雑音を抑圧するような非線形フィルタを計算することは容易です。

マイクロフォンアレイを用いて観測する場合には,死角形成型のビームフォーミングも一つの雑音抑圧方式と言えます。この方式の場合には,雑音がある特性方向から到来する**干渉性雑音**であることを仮定し,雑音の到来方向が既知,あるいは推定されたとし,その方向に対してマイクロフォンアレイの収音感度がゼロに近くなるような指向性を形成します。このような指向性をもつビームフォーミングフィルタの設計法として,最小分散法や最尤法があります[3]。なお,干渉性雑音だけでなく,非干渉性(無方向性,あるいは拡散性)の雑音の混在を仮定する場合には,図2に示すように,スペクトルサブトラクションのような非線形性の**ポストフィルタリング**処理をマイクロフォンアレイ処理の後段に掛け合わせるような処理が有用であることが知られています。

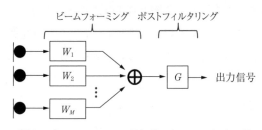

図2 ビームフォーミングとポストフィルタリング

音源分離(source separation, source extraction)

複数の音源信号が混在している中から,それぞれを分離して取り出す処理を指します(⇨Q10)。混在している信号間に優劣の概念は低く,すべての音源をクリアに取り出すことが可能な方式であることが必要でしょう。

2000年代に事前に音源に関する情報（例えば，到来方向）がなくても音源分離を実現するための方式として，**独立成分分析**に基づく線形フィルタの推定について盛んに研究されました。マイクロフォンアレイを用いて受音することと，音源信号が互いに独立であることを前提とします。線形フィルタリング後に出力される複数信号間の独立性を高めるように線形フィルタの係数を更新するアルゴリズムが提案されました。この方式は，物理的には，干渉性雑音に対して死角を形成するビームフォーミングに対応することが報告されています。

　線形フィルタは音源数がマイクロフォン数よりも大きい場合に性能が大幅に劣化することが知られているので，線形フィルタの後段に非線形のポストフィルタを掛け合わせることで，音源分離の性能をさらに高めることが可能であることが知られています。例えば，文献4）では，マイクロフォン数よりも音源数が多い場合でも，各音源を強調することが可能な非線形ウィーナーフィルタを計算する方式が提案されています。**アレイ観測信号**，音源信号のパワースペクトル，その間の複数のビームフォーミングの感度の関係がパワースペクトル領域で線形的な加算性が成り立つことを仮定します。アレイ観測信号のパワースペクトルとビームフォーミングの感度は既知であるので，逆問題を解くことで音源信号のパワースペクトルを推定することが可能になります。よって，各音源を強調するための非線形ウィーナーフィルタを計算することができます。

参考文献

1) 藤本雅清，石塚健太郎，加藤比呂子：音声と雑音両方の状態遷移過程を有する雑音下音声区間検出，電子情報通信学会，SP2006-87, pp.13-18（2006）
2) 川瀬智子，丹羽健太，藤本雅清，鎌土記良，小林和則，荒木章子，中谷智弘：マイクロホンアレーによる実時間雑音PSD推定を用いたモデルベースの音声強調処理技術，音響学会春季講演論文集（1-P-1), pp.653-656（2016）
3) 浅野太：音のアレイ信号処理—音源の定位・追跡と分離—，コロナ社（2011）
4) 日岡裕輔，小林和則，古家賢一，羽田陽一，片岡章俊：音源位置の推定情報を用いた特定の2次元領域内の強調収音，電子情報通信学会，EA2008-27, pp.7-12（2008）

　　　　　　　　　　　　　　　　　　　　（丹羽健太，日岡裕輔）

Q10

音源分離について教えてください

音源分離とはどのような技術ですか？　どのようにして音源分離を実現できるのですか？

A

> ざっくり言うと…
> ● 音源分離：複数の音源（音の発生源）からの音が混ざった音を処理して，それぞれの「音源」からの音に「分離」
> ● 例えば，ICレコーダで録音した会話を一人ひとりの音声に分離
> ● 音源ごとの音の到来方向の違いを手掛かりとして利用

音源分離とは？

近年，スマートフォンを音声で操作できるようになるなど，**音声認識**（⇨Q28）が身近になってきました。マイクロフォンが口の近くにある場合には，認識したい音声だけを収録できるので，高い精度で音声認識を行うことができます。一方，マイクロフォンが離れると，認識したい音声だけでなく，他の人の音声やさまざまな雑音も収録してしまうので，音声認識の精度が大幅に低下してしまいます。このことが，音声認識を広範囲の環境に適用できるようにするうえで，障害になっていました。

音源分離とは，複数の**音源**（音の発生源）からの音が混ざった音を処理して，それぞれの「音源」からの音に「分離」する技術です。この音源分離が実現すれば，上のようにマイクロフォンが口から離れていて他の人の音声なども収録してしまうような場合でも，認識したい音声だけを分離し，高い精度で音声認識を行うことが可能になります。これにより，音声認識の適用範囲は大きく広がると期待できます。例えば，会社の会議室のテーブルの上にICレコー

ダを一つ置いておけば，会議に参加した全員の音声が混ざった音から，一人ひとりの音声に自動的に分離して議事録を作成してくれる，といった技術も夢ではありません。

音源分離は，音声認識の他にも，補聴器やロボットなど，さまざまな技術への応用が期待されています。

音源分離の代表的なアプローチでは，**図1**のような，複数のマイクロフォンを並べた装置を使います。このような装置を**マイクロフォンアレイ**[1]と呼びます。図のマイクロフォンアレイは，マイクロフォンを球面上に配置したものですが，このような配置に限らず任意の配置（直線上の配置・円上の配置など）を使うことができます。このように複数のマイクロフォンを使うことで，音の到来方向がわかる―人間や動物が二つの耳を使うことで音の到来方向を知覚（⇒Q37）できるのと似ています―ので，音源ごとの音の到来方向の違いを手掛かりとして音源分離を実現することができます。

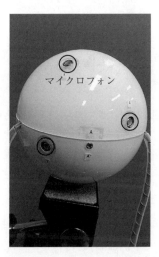

図1　マイクロフォンアレイの例

では，マイクロフォンアレイを使って，どのようにして音の到来方向がわかるのでしょうか？　また，音の到来方向の違いを手掛かりに，どのようにして音源分離を実現できるのでしょうか？　以下では，これらの疑問に詳しく答えていきます。

どのようにして音の到来方向がわかる？

マイクロフォンアレイを使って，どのようにして音の到来方向がわかるのでしょうか？　**図2**に示す二つのマイクロフォン①②からなるマイクロフォンアレイを例にとって，この疑問に答えていきます。

まず，図2のAさんに着目してください。Aさんから見ると，①よりも②のほうが遠いので，Aさんの音声は，まず①に到来し，次に（ほんの少し遅

Q10 音源分離について教えてください

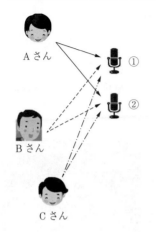

図2 マイクロフォンアレイを使えば，音の到来方向がわかる

れて）②に到来します。この到来する時間の差を**到来時間差**と呼びます。また，②で収録されたAさんの音声は，①で収録されたAさんの音声と比べて，音量が（ほんの少し）小さくなっています。この音量の差を**レベル差**と呼びます。

次に，Bさんに着目しましょう。Bさんから見ると，①よりも②のほうが近いので，Bさんの音声は，まず②に到来し，次に①に到来します。また，②で収録されたBさんの音声は，①で収録されたBさんの音声と比べて，音量が大きくなっています。

Cさんの場合も，Bさんの場合と同様です。ただし，①までの距離と②までの距離の差がBさんの場合よりも大きいので，到来時間差・レベル差もBさんの場合よりも大きくなります。

上の説明からわかるように，音の到来方向が変化すると，それに応じて，マイクロフォン間の到来時間差・レベル差—①と②のうち，どちらにどれくらい先に到来するか，またどちらの音量がどれくらい大きいか—が変化します。このことを利用すれば，逆に，マイクロフォン間の到来時間差・レベル差から音の到来方向がわかります。これが，「マイクロフォンアレイを使って，どのようにして音の到来方向がわかるのか？」という疑問に対する答えです。

どのようにして音源分離を実現できる？

では，音の到来方向の違いを手掛かりに，どのようにして音源分離を実現できるのでしょうか？ 以下でこの疑問に答えていきます。

音源分離の主なアプローチとして，**独立成分分析**に基づくアプローチ[2]と**クラスタリング**に基づくアプローチ[3]がありますが，ここでは後者を例にとって説明します（前者については文献2）を参照してください）。

もう一度，図2を見てください。Aさん，Bさん，Cさんが会話をしている

とき，マイクロフォン①②では三人の音声が混ざった音が収録されます。この混ざった音を処理して，一人ひとりの音声に分離する—これが音源分離の目標でした。

図3は，横軸を到来時間差，縦軸をレベル差とした図であり，一つひとつの点（・）は音の成分を表しています。ここまでに説明したように，Aさん，Bさん，Cさんは，マイクロフォンアレイから見た音の到来方向がそれぞれ異なるので，到来時間差・レベル差も異なります。したがって，図3のように，Aさん，Bさん，Cさんに対応するまとまり（**クラスタ**）ができます。そこで，これらのクラスタをそれぞれ取り出すことで，一人ひとりの音声を取り出すことができ，音源分離を実現できます。これが，「音の到来方向を手掛かりに，どのようにして音源分離を実現できるのか？」という疑問に対する答えです。

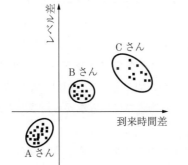

図3　マイクロフォン間の到来時間差・レベル差

最後に，音源分離について，より詳しく知ることを望まれる読者には，日本語で読める数少ない教科書として，文献1），2）をお薦めします。

参考文献

1) 浅野太：音のアレイ信号処理—音源の定位・追跡と分離—，コロナ社（2011）
2) Aapo Hyvärinen, Juha Karhunen, Erkki Oja（根本幾，川勝真喜 訳）：独立成分分析—信号解析の新しい世界，東京電機大学出版局（2005）
3) 荒木章子，澤田宏，牧野昭二：音声のスパース性を用いたUnderdetermined音源分離，電子情報通信学会総合大会講演論文集，pp."S-46"-"S-47"（2008）

（伊藤信貴）

Q11

ビームフォーミングって何ですか？

アレイ信号処理で必ず出てくる何だかかっこいい言葉ですが，どのような技術で何に応用されているのでしょうか。

A

> ざっくり言うと…
> ● たくさんのマイクロフォンを使うアレイ信号処理の基礎
> ● 音のスポットライトを当てて聞きたい音だけを抽出
> ● 音源方向（位置）推定と音源分離のいずれにも応用可能

ビームフォーマ（beamformer），あるいは**ビームフォーミング**（beamforming）とは，たくさんのマイクロフォンを使用して音を分析する技術の一つであり，最も基本的な**アレイ信号処理**（複数のセンサを使う信号処理）です．複数個のマイクロフォンを並べたものは**マイクロフォンアレイ**（図1）と呼ばれ，マイクロフォンの間で音の時間差や振幅差といった相対的な情報が測定できるため，1個のマイクロフォンによる測定ではできなかったことが新たにできるようになります．

では，ビームフォーミングでどのようなことができるようになるのでしょうか．マイクロフォンアレイを使ったビームフォーミングでは，**音源分離**（⇨Q10）や，音の発生している位置や方向を推定する技術である**音源定位**が実現できます．どちらもビームフォーミングの原理がわかれば，なぜそのようなことが可能になるのか理解できると思います．

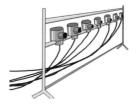

図1 直線型マイクロフォンアレイ

図2 スポットライトと猫

Q11 ビームフォーミングって何ですか?

ビームフォーミングは,ちょうど目的の場所のみを照らすスポットライトとよく似ています。**図2**では眠っている猫と食い逃げをしている猫がいますが,眠っている猫を照らすことなくドラ猫を照らしています。これは,スポットライトが局所的に光を届けるビームであることを利用した「猫分離」です。また,サーチライトのようにビームを動かして猫の居場所を見つけることが「猫定位」です。ビームフォーミングも図2と同じで,特定のエリアに音のスポットライト(「音のビーム」または**指向特性**と呼ばれます)を向けます。そして,向けられたエリアから到来する音だけを収音する技術です。例えば,複数の人が同時に話している場合に,聞きたい人にだけビームを向けることで「音源分離」ができます。また,ビームを手動で動かして空間的にスキャンすることで,どこに騒音等の原因があるかを特定する「音源定位」ができます。このような応用を考えた場合,ビームは鋭いほうが高性能といえます。ビームの鋭さとは,図2のスポットライトの狭さや周囲への光の漏れの少なさと同じ意味です。できるだけ鋭いビームを作るビームフォーミングが理想ですが,実際には技術的な限界があるため,状況に応じて効果的な手法を選択します。ビームフォーミングは,**遅延和**(delay and sum:DS)**法**と**ヌルビームフォーミング**(null beamforming:NBF)**法**の2手法が基本ですので,これらの概要を説明します。厳密な定式化やより高度な手法については,文献1)を参照してください。

DS法は,アレイ信号処理において最も基本的な手法です。DS法を構成するためには,信号に時間遅れを与える遅延器と信号の総和を取る加算器の二つの回路(仕組み)が必要です。**図3**はマイクロフォンに入力された時間信号に対するDS法の原理を示しています。2個のマイクロフォンからなるマイクロフォンアレイの正面に対して,角度 θ の方向から音波が到来し,各マイクロフォンに順番に到達します。このとき,マイクロフォン間隔 d に応じて到達距

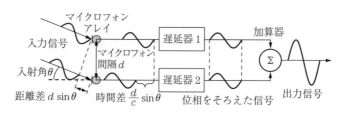

図3 時間信号に対するDS法の原理

Q 11 ビームフォーミングって何ですか？

離差 $d \sin \theta$ が生じるので，マイクロフォン間で時間差 $(d/c) \sin \theta$ が生まれます（c は音速）。DS 法は，後段の遅延器によってこの時間差を元に戻し，各マイクロフォンの信号の位相を揃えた状態で加算することで，同相となった信号のみを強調します。他の方向から到来する信号に対しては，位相がずれた状態で加算されるため，打ち消されるなどして抑圧されます。各遅延器の遅延時間量は，音速を一定と考えると，音の入射角 θ とマイクロフォンの間隔 d にのみ依存します。したがって，マイクロフォンアレイの形状と強調したい音源の方向がわかっている必要があります。**図 4** は，強調する方向 θ を正面の 0° としたときの DS 法の指向特性（ビームパターン）です。横軸は音源の到来方向，縦軸は正面の音を基準（0 dB）として θ 方向の音がどの程度抑圧されるかを示します。音の周波数によって指向特性が異なるため，三つの周波数を取り上げて示しています。低い周波数ほど正面のビームが太くなってしまい，高い周波数ほど正面以外の方向に余分なビーム（**サイドローブ**と呼びます）が生じているのがわかります。2.0 kHz のときの両端の特に大きなサイドローブは，音の波形が 1 周期ずれた状態でふたたび位相が揃ってしまうことが原因で，**空間エイリアシング**と呼ばれます。マイクロフォン間隔が広いと，低い周波数帯まで空間エイリアシングの影響が顕著になってしまいます。DS 法はマイクロフォンアレイ全体のサイズが大きいほど鋭いビームを形成でき，マイクロフォン間隔が狭いほどサイドローブを抑えられるため，DS 法で鋭いビームを作る場合，収録装置が大がかりになってしまいます。

NBF 法は，DS 法のようにある方向から到来する音を強調するのではなく，逆に抑圧する手法です。DS 法のように「高感度のビームを向ける」のではな

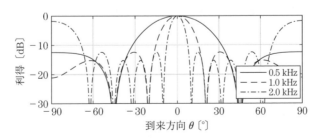

図 4 DS 法の指向特性（マイクロフォン数 6 個，マイクロフォン間隔 16 cm）

く,「零感度のヌル(無音あるいは死角)を向ける」ことで,不要な音が収音されないように制御します。動作原理は,図3における加算器を減算器に換え,同相の信号を打ち消すことで実現できます。**図5**は,抑圧する方向θを正面の0°としたときのNBF法の指向特性です。NBF法は(マイクロフォン数-1)個の鋭いヌルを形成でき,DS法と比較してマイクロフォンアレイのサイズを小さくできますが,抑圧したい音源の位置を別途推定する必要があります。また,抑圧する方向以外の利得が変化してしまうため,ヌル以外の方向から到来する音が若干歪んでしまいますが,NBF法の後段にフィルタを接続して周波数特性を補正する手法も提案されています。さらに,DS法と同じく空間エイリアシングの問題は生じてしまうので,マイクロフォンの間隔や配置も重要になります。

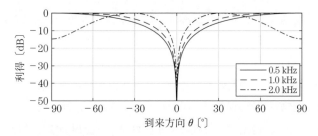

図5 NBF法の指向特性(マイクロフォン数2個,マイクロフォン間隔16 cm)

DS法やNBF法の他にも,適応型のビームフォーミング手法として,強調したい方向の音以外のパワーを最小化することで,自動的に雑音にヌルを向ける**最小分散法**など,さまざまなタイプが提案されています。また,これらのビームフォーミングは,有名な音源分離手法である「独立成分分析」で推定される空間分離フィルタと密接に関連している事実が明らかにされています[2]。近年では,ノートパソコンなどにも2個のマイクロフォンによるマイクロフォンアレイが搭載されており,周囲の雑音に強い音声収音などに役立てられています。

参考文献
1) 浅野太:音のアレイ信号処理―音源の定位・追跡と分離―,コロナ社(2011)
2) 牧野昭二,荒木章子,向井良,澤田宏:ブラインドな処理が可能な音源分離技術,NTT技術ジャーナル,**15**,12,pp.8-12(2003),http://www.ntt.co.jp/journal/0312/files/jn200312008.pdf(2016年11月現在)

(北村大地)

Q12

小数点を含む遅延の実現方法は？

サンプリング間隔の間に来るような小数点を含む遅延を計算機で実現するにはどうしたらよいですか？

A

> ざっくり言うと…
> ● 周波数特性が変わらないように遅延させます
> ● sinc 関数を原波形に畳み込んでサンプル間を補完します
> ● サンプリング定理と深い関係があります

ディジタル信号処理では，アナログ波形から一定間隔でサンプルされたディジタル波形を処理します．1サンプル，2サンプルといった形で遅延させたい量が整数値の場合，何の問題もなくディジタル波形を遅延させることが可能です．ただし，音響信号処理では，0.4サンプル分だけ遅延させたいといったことがよくあります．例えば，複数のマイクロフォンを用いて，雑音の到来方向に合わせてマイクロフォン入力信号を適切に遅延させてから引き算することで，特定の方向から到来する雑音を除去（⇨Q11）することが可能となります（**図1** 参照）．

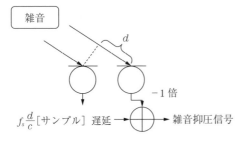

図1 2個のマイクロフォンを用いた雑音除去（f_s はサンプリング周波数〔Hz〕，c は音速〔m/s〕，d は音の波形が遅れる距離〔m〕）

ここで，マイクロフォン間の時間差 $f_s d/c$ が整数値となるとは限らず，ディジタル処理で最も簡単な整数値の遅延では雑音が十分に除去できないという

ことが起こります。このような場合，小数点を含む遅延をどうしたら実現できるかといった壁にぶつかります。

　遅延量を整数部と小数部に分けて，整数部を a，小数部を b（0 以上 1 未満）とすることにします。小数点を含む遅延をどうしたら実現できるかという問題は，まず a サンプル分波形を遅延させた後，b サンプル分さらに波形を遅延させるという問題と捉えることができます。b サンプル分波形を遅延させる問題は，サンプルとサンプルの間に人工的にサンプルを作る＝（補間する）問題であると言い変えることができます。そこで，まずサンプル補間の話からしますが，**サンプル補間問題**は，サンプリング周波数をより高い周波数に変更したいといった場合にも出てくる信号処理の非常に基本的な課題です。

　さて，サンプル補間には，一般に**区分線形関数**，**スプライン関数**等を用いた補間方法等，様々な方法が存在します（**図 2**）。色々な方法がある中で，どの方法を選べば，正しく補間ができるのか？ を考えることから出発しましょう。結論から言うと，実用上は区分線形関数，スプライン関数等を用いた補間方法はあまり良い方法とは言えません。音声信号処理において，サンプルを補間し，信号を遅延させる際に，満たすべき最も重要なことは周波数特性が変わらないことです。区分線形補間，多項式補間等は一般のデータ解析ではよく使われますが，この方法では元の波形と周波数特性が変わってしまいます。簡単に区分線形関数による補間を例にとると，b サンプル分波形を遅延させるような処理は，例えば図 2 においてサンプル 1 とサンプル 2 の値を $b : 1 - b$ の割合で平均した 2 サンプル目に出力することを意味するので，$h(z) = 1 - b +$

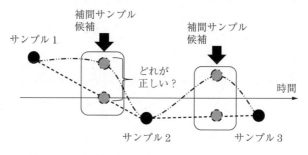

図 2　サンプル補間問題：様々な補間の仕方がありうる

Q12　小数点を含む遅延の実現方法は？

bz^{-1} の FIR フィルタ $h(z)$ を波形に畳み込む処理（⇨Q02）と捉えることができます．このとき，例えば $b = 0.5$ とすると $|h(\omega)| = \cos(\omega/2f_s)$（$\omega$ は角周波数）となり，振幅特性が 1 でないことがわかります．同様に，スプライン補間でも周波数特性が変化してしまうことから，正しく波形を遅延させることができません．ではどうすればよいのでしょうか？

基本方針は，「周波数特性を変化させないように b サンプルの遅延を実現する」ということです．つまり，振幅特性は原信号の最大周波数 $f_{\max}$ まで 1，それ以上の周波数で 0，位相特性は周波数ごとに，$-\omega b/f_s$ となるような FIR フィルタ，$h_{\text{delay}}(\omega) = \exp(-j\omega b/f_s)$ を波形に畳みこめばよいということになります．ここで，位相特性を角周波数に比例するように設定することで，時間軸上ですべての周波数が同じサンプルだけ遅延することになります．

さて，$h_{\text{delay}}(\omega)$ の逆フーリエ変換は

$$h_{\text{delay}}(t) = \frac{1}{2\pi f_{\max}(t - b/f_s)} \sin(2\pi f_{\max}(t - b/f_s))$$

となります．さらに整数部の遅延 a も加え，$g = a + b$ として一般化すると

$$h_{\text{delay}}(t) = \frac{1}{2\pi f_{\max}(t - g/f_s)} \sin(2\pi f_{\max}(t - g/f_s))$$

となります．これはいわゆる **sinc 関数** となっており，sinc 関数を波形に畳み込むことで小数点を含む遅延を実現できることがわかります．FIR として実現するためには，sinc 関数を有限長で打ち切る必要があるため，$h_{\text{delay}}(t)$ にハミング窓等の窓関数（⇨Q05）を重畳して切り出したものを標本化し FIR フィルタの係数とします．**図 3** に $h_{\text{delay}}(t)$ の一例を示します．

ここで，多様な補間方法がある中でなぜ sinc 関数といった一つの補間方法

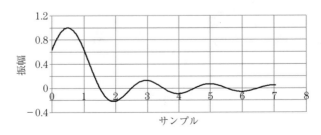

図 3　$h_{\text{delay}}(t)$ の一例（f_s を 1 Hz，$f_{\max}$ を 0.5 Hz，g を 0.5 に設定）

が選ばれたのか，別の観点から考えてみましょう．ディジタル信号処理では，**サンプリング定理**（⇨Q01）がサンプリングにおけるすべての基本となります．サンプリング定理とは，「原信号に含まれる最大周波数 f_{max} の2倍に相当する $2f_{max}$ よりも高い周波数でサンプリングされた場合，原信号を完全に復元可能」という定理となります．f_{max} よりも高い周波数が原信号に含まれている場合，高い周波数成分は折り返し歪が生じ，低い周波数成分に偽の信号が現れます．このようなことから，一般には原信号の最大周波数 f_{max} がサンプリング周波数 f_s の半分よりも大きくならないように，アナログの低域通過フィルタをかけた後，信号をサンプリングします．サンプリング定理は f_{max} が $0.5 f_s$ 以下であれば，完全に原信号を復元可能であるという心強い性質をもたらします．この性質は離散的にサンプリングされた信号から連続的な原信号を復元可能とするだけでなく，より高いサンプリング周期でサンプリングされた信号を生成できる（一意に補間できる）ということを意味します．これは通常，**アップサンプリング**と呼ばれるもので，サンプリング周波数は高くなりますが，信号そのもののもつ最大周波数はそのままです．より高いサンプリング周期でサンプリングされた信号が得られれば，元のサンプリング周期でサンプリングされた信号において，例えば0.5等の小数点を含む遅延を整数遅延として実現することも容易ということになります．サンプル点を増やすためには，何かしら信号の性質を利用せざるを得ないわけですが，一般的に原信号の最大周波数 f_{max} であること以外に利用する情報はありません．ここで，sinc 関数の設計指針が「周波数領域で最大周波数 f_{max} までの振幅特性が1，それ以上の周波数で0とする」であったことを思い出しましょう．sinc 関数の設計指針とアップサンプリングの設計指針が合致することからsinc 関数といった一つの補間方法が選ばれています．一見，様々な補間方法があり，遅延の実現方法にも任意性があるように見えますが，サンプリング定理が論拠となり，遅延の実現方法が一意に定まると解釈することができます．

参考文献

1) 大賀寿郎，山崎芳男，金田豊：音響システムとディジタル処理，コロナ社（1995）

(戸上真人)

Q13

周波数領域で設計したフィルタを
時間領域にするには？

　周波数領域で設計したフィルタ係数を時間領域のFIRフィルタにする方法と，そのチェック方法をやさしく教えてください。

A

> ざっくり言うと…
> ●サンプリング周波数/フィルタ長の周波数ごとに計算
> ●ナイキスト周波数〜サンプリング周波数部分は共役にして逆フーリエ変換
> ●得られた時間応答の前半と後半の順番を入替え

　騒音系などで用いられるA特性は周波数ごとに重みが決められています（⇨Q15）．また，電気音響分野では音源分離（⇨Q10）や音場再現などのフィルタは周波数領域で設計される場合があります．実際の信号に設計したフィルタを適用する場合は，周波数領域で設計されたフィルタを時間領域の**FIRフィルタ**に変換し，時間信号とFIRフィルタを畳み込んで計算（⇨Q02）する必要があります．

　準備として，時間領域のFIRフィルタを周波数領域に変換する例を示します．**図1**（左上）のように$L = 16$サンプルのうち，4サンプル目のみが1，他はすべて0の応答を考えます．サンプリング周波数（⇨Q01）は$F_s = 16\,\mathrm{kHz}$とします．このフィルタに時間信号を畳み込むと，その信号を3サンプル遅延させることができます．このフィルタを離散フーリエ変換（DFT）（⇨Q04）すると，横軸の離散間隔（=**周波数分解能**）はサンプリング周波数/フィルタ長$= F_s/L = 1\,\mathrm{kHz}$となり，範囲は$0 \sim F_s\,[\mathrm{Hz}]$となり，縦軸は各周波数に対応する係数となります．図1（右上）では，実部と虚部の結果です．0 Hzと**ナイキスト周波数**（F_n）（⇨Q10）$F_s/2 = 8\,\mathrm{kHz}$を除く正の周波数の黒丸，負の周波数を白丸で示しています．これより，F_nの前後では虚部のみが反転し

Q13 周波数領域で設計したフィルタを時間領域にするには？

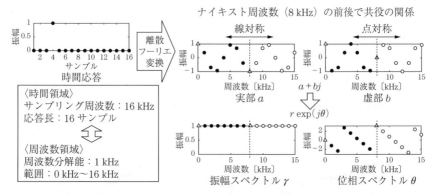

図1 インパルス応答の離散フーリエ変換と振幅・位相スペクトルの関係

ている＝共役の関係であることがわかります．また，白三角で示す0 Hzと8 kHz（＝$F_s/2$）の係数は実数となります．

周波数領域でフィルタを設計する場合，サンプリング定理により，0 Hzからナイキスト周波数（F_n〔Hz〕）以下の周波数における係数が得られることになります．ここで，時間領域では16個の実数値でフィルタを表現できますが，F_n以下では，離散間隔〜（サンプリング周波数/2 － 離散間隔），つまり（$L-1$）/2個の周波数の係数は複素数（＝実数二つで表現される），両端の0 Hzと$F_s/2$＝8 kHzの係数は実数なので，実はF_n以下の周波数だけでも同じ16個の実数がなければ信号を表現できません．F_n以上の周波数はF_n以下の共役なので，実は何の情報量ももちません（＝F_n以下の周波数情報から一意に決まります）．

また，図1（右上）を**振幅スペクトル**と**位相スペクトル**に書き換えると図1（右下）のようになります．それぞれ，対応する周波数成分をどれだけ大きくするか，どれだけ遅延させるか，に相当します．図1のインパルス応答は，遅延のみを与えるフィルタのため，振幅スペクトルはすべて1であることが確認できます．

それでは本題に入ります．ここでは実際に，周波数領域で与えられたA特性の重み係数をFIRフィルタにする例を示します．ここでは，サンプリング周波数48 kHz，64サンプルのFIRフィルタを設計します．F_n＝24 kHz，周波数分解能は750 Hzとなります．

まずJIS C 1509より，20 Hzから20 kHzの補正値を入れ，A特性の周波数

Q 13　周波数領域で設計したフィルタを時間領域にするには？

特性を得ます．その後，dB値から真数に変換します．周波数領域において，20 Hzから20 kHzの離散値を，750 Hz間隔のプロットになるように値を補間すると（ここでは，MATLABのinterp1という関数を用いました），**図2（a）**のプロットになります．0 Hzと20 kHz以上は0とします．これでA特性の周波数振幅特性が反映されます．位相特性については考慮せず，$\theta = 0$とします．すると，虚部も0となるため，振幅スペクトルが実部そのものになります．

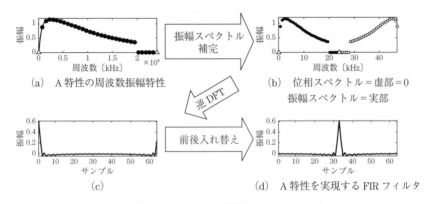

図2　A特性を実現するための周波数領域フィルタ設計の例

図1では，FIRフィルタをDFTすることにより，周波数領域の係数を得ました．また，F_n以上の周波数も出てきました．これを逆に考えると，周波数領域のフィルタを時間領域のFIRにするためには，F_n～サンプリング周波数までの周波数領域の係数もそろえ，逆DFTすることにより得ることができます．

F_n以上の周波数領域は，図2（b）のように750 Hzから23 250 Hzの係数の複素共役をコピーします．これを逆DFTし，実部のみを取ると，図2（c）のようなFIRフィルタができあがります．しかし，波形を見ると，両端が大きな値をもつ非常に不安定なフィルタとなってしまっています．この理由は，図3（a）で示すように，位相を考慮しない＝「遅延なし」を実現するためには，負の時間にも値をもつ波形（－32～＋31）でないといけないためです．DFTでは信号の周期性を仮定しているため，**図3**（a）のようにその波形が無限に続くようになります．

Q13 周波数領域で設計したフィルタを時間領域にするには？

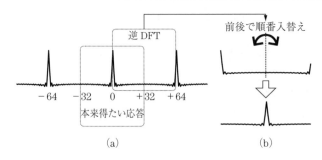

図 3 逆 DFT から得られる応答と前後の順番の入替え

　しかし，逆 DFT は通常正の時間で計算されます．したがって，-32〜$+31$ ではなく，0〜$+63$ までの波形が得られるため，図 2（c）のような形となります．-32〜$+31$ 間の信号が無限にループするということは，-32〜-1 間の信号と，今回 DFT で得られた $+32$〜$+63$ 間の信号は同じとなります．したがって，図 3（b）のように，0〜31 サンプル間と，32〜63 サンプル間の信号の前後を入れ替えれば，本来得るべき -32〜$+31$ 間の応答が得られ，これが時間領域の FIR フィルタとなります（図 2（d））．

　得られた FIR フィルタをチェックするには，このフィルタを DFT します．振幅スペクトルを確認すると，所望の**周波数振幅特性**が実現できているかがわかります．また，図 3（b）の前後入替え（＝時間方向にフィルタ長の半分だけシフト）を行ったので，図 2（b）では位相情報を 0 としたのに対して，得られる位相スペクトルではシフトした分の位相情報をもっています．

　今回の例では虚部が 0 の場合を紹介しましたが，マイクロフォンアレイ処理などにおける周波数領域フィルタ設計のように，周波数領域の係数が虚部を持つ場合でも，まるっきり同じ手順で時間領域の FIR フィルタに変換できます．

　なお，書籍ホームページに今回の例の MATLAB スクリプトがありますので，動作環境のある方は実際にお試しできます．

参考文献

1) 鏡慎吾：やる夫で学ぶディジタル信号処理（2016 年 7 月現在）
　http://www.ic.is.tohoku.ac.jp/~swk/lecture/yaruodsp/main.html

（岡本拓磨）

Q14

音響機器の取扱いについて
やさしく教えてください

音響機器を取り扱ううえで注意すべき事項を教えてください。また，貴重な音響計測の機会をうまく生かすにはどうすればよいのでしょうか？

A

> ざっくり言うと…
> ●音響計測では再生系，伝搬系，収録系を意識する
> ●収録データの不具合の原因を特定する勘を身に付ける
> ●所望の音響信号が出力されているか，常に注意する

音響学においては，空間において，音がどこから・どのように・どこまで伝わったかに関する**音響計測**が不可欠となります。音響伝搬計測の貴重な機会を生かすため，計測時には，取得したデータの不具合を俊敏に察知し，原因究明を即座に行うことで，所望のデータを精度よく取得することが重要となります。これには，音響計測の対象とする音響伝搬系の正しい理解，音響機器の特徴と利用方法の会得が必要となります。ここでは，主に後者について解説します。

音響計測では，任意の音響信号を測定したい場所（居室やコンサートホールなど）において放射（再生）し，音波が空間を伝搬することにより，その音場の影響が加味された信号を，音響データとして収録します。これらの系における音響機器の利用例を，フロー図として**図1**に示します。**再生系**では，音源信号を出力するCD等の機器，あるいはPCとオーディオインタフェースによる収録システムの利用も考えられます。後者を活用することにより，PCからの信号出力と，マイクロフォンによる検知信号の収録を同時に行うこともできます。しかしながら，このような収録システムは可搬性に劣るため，計測の状況に応じて，機器を使い分けることが必要となります。図1において，機器から出力された信号は，基本的にはアンプ（増幅装置）を介してスピーカから再生

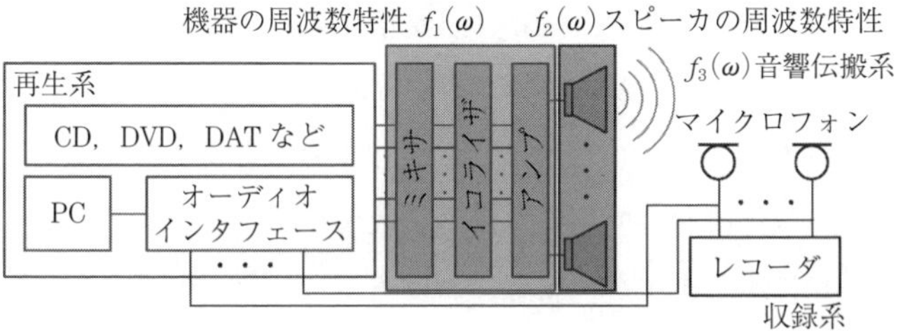

図1 音の再生・伝搬・収録系における機器使用例とフロー

されます．この場合，ミキサおよびイコライザを利用して，音の出力レベルや周波数特性の調整，チャネル間の信号の合成などを行う場合もあります．

計測時において，最も頻繁に見受けられる不具合としては，計測データへの**ノイズ混入**が挙げられます．多数の機器を直列に接続して利用するため，その接続部分の接触不良等によるノイズ混入が少なからず生じます．また，マイクロフォンケーブルと電源ケーブルの交錯により電気的なノイズが生じる可能性もあります．これらの事例に加えて，例えば室内音場におけるインパルス応答を計測する場合等においては，その音場にもともと存在している**バックグラウンドノイズ**（背景雑音）もノイズの一種と捉えることができますが，この影響を除去するためには，すでに確立された計測原理[1]を活用することで対処できます．以上に述べた，ノイズの影響を回避するためには，なによりも「計測データを耳で聴くこと」が有効な対策となります．人間の聴覚は広い**ダイナミックレンジ**（大きな音と小さな音を聞き分けられる範囲）を有しているため，データを注意深く「聴く」ことにより，大部分のノイズを聞き分けることができます．

音を収録する際に設定する録音レベルの不正合により，不具合が生じる場合もあります．人間は，上述したように聴覚に関する広いダイナミックレンジを有するため，非常に広い範囲の音波振幅をノイズの影響なく収録しておかなければなりません．近年の収録ではディジタルレコーディングが主流であり，音の振幅をディジタルデータとして量子化する際の量子化ビット数も，24 bit とワイドレンジな収録が可能となっています．しかし，依然として利用されている 16 bit データの有する有効な収録レンジは約 90 dB となっており，この範囲

を下回る小さな振幅の音波は，ノイズ(**量子化雑音**)に埋もれてしまうため収録できません。このような制約条件が存在するため，計測時において，収録できる音圧レベルのレンジをしっかりと意識しておく必要があります。

図2に，音声収録において想定される失敗例を示します。オリジナルの音声波形を図(a)に示しますが，収録における録音レンジの設定を，同図に示すように最大振幅より小さい範囲と設定してしまった場合，図(b)のように収録されるため，本来の音圧波形を再現できません。これは録音レンジを過小評価した結果として生じてしまいました。これとは逆に，安全側の考え方として録音レンジを過大に評価しすぎた場合には，図(c)のように，結果的に得られる波形は非常に小さな振幅となり，最悪の場合には，先述の量子化雑音に埋もれてしまい，データとして利用できません。このような失敗を避けるためには，計測時において，常に収録した波形を目で「見て」確認することによって，適切なデータを収録できているか，最大値が正しく収録されているか，音が小さすぎないか確認することが必要となります。

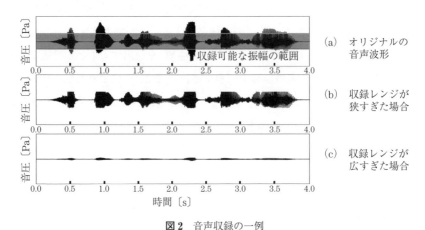

図2 音声収録の一例

最後に，もう一つの事例をご紹介します。計測の際には，収録の対象とする音響信号が有している周波数特性を，正確に収録することが重要となります。図1に示したフロー図において，音源から出力された信号はマイクロフォンに

至るまでに，3種類の伝達特性に影響されます。これらの影響を同図に併せて示しています。この図では，音響機器による信号への影響を $f_1(\omega)$，スピーカによる影響を $f_2(\omega)$，そして音響伝搬中に音場等から受ける影響を $f_3(\omega)$ と示しています（ω は角周波数）。この場合，マイクロフォンで収録される信号の周波数特性は $S_{mic}(\omega) = S_{org}(\omega) \times f_1(\omega) \times f_2(\omega) \times f_3(\omega)$ のように表され，もともと出力された信号の周波数特性 $S_{org}(\omega)$ へ，各系による伝達特性の影響が重ね合わさった形で収録されます。スピーカによる影響が最も大きい場合が多く，これを補正するためにイコライザを利用することがあります。補正方法の一例を**図3**に示します。

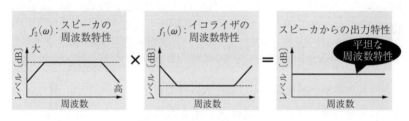

図3 イコライジングのイメージ

例えば，同図に示すように低周波数域と高周波数域におけるスピーカ出力が中周波数域と比較して低い場合，これを補正するために，低・高周波数域の出力を**イコライザ**で高めるよう設定します。このことにより，最終的にスピーカから放射される音の出力特性は平坦となり，スピーカの特性をキャンセルできます。ただし，低・高周波数域においてそもそも音が出ていない場合には，レベルを高めてしまうとノイズ成分を増幅させてしまう恐れがあるため，あくまで音の出ている周波数領域においてのみレベルを調整することが必要となります。以上に述べた内容は，音響計測を行ううえで知っておくべき最低限の事項であり，音響計測や関連する音響伝搬理論等について詳しく述べられている書籍を参考にすることで，知識をより深めていくことが重要です。

参考文献
1) 橘秀樹，矢野博夫：改訂 環境騒音・建築音響の測定，コロナ社（2012）

（朝倉　巧）

Q15

騒音計ってどうやって使うの？

騒音計の使い方を教えてください。騒音計には色々な評価指標や設定があり，適切な使い方がよくわかりません。どのようなシーンで，どのような種類の騒音計を，どのような設定で使えばいいのか教えてください。

A

> ざっくり言うと…
> ●測定したい騒音（ノイズ）の性質をまず確かめる
> ●人の聴覚特性も事前に理解しておこう
> ●騒音の性質と聴覚特性に応じた設定を選択する

騒音の大きさや性質を調べるには，人の耳で音を聴いて主観で評価する方法（⇨Q24）や，音を収録して時間周波数分析を行う方法など様々あります。その中でも**図1**に示す**騒音計**は，測定したい騒音の大きさや性質を一つの数字で表せる非常に便利な測定器である一方，その設定項目の多さゆえに利用には注意が必要です。騒音計の機種により多少呼び方は異なりますが，主な設定項目だけでも「**等価騒音レベル/ピーク音圧レベル/音響暴露レベル**」や「周波数重み特性（A特性/C特性/Z特性）」，「時間重み特性（F特性/S特性/I特性）」などが利用できます。ここではこれらの設定を適切に行い，正しく騒音の測定を行うための方法について解説します。

図1 精密騒音計 NL-52
（提供：リオン株式会社）

そもそも騒音計にはなぜこれほど多くの設定項目があるのでしょうか。騒音計は，騒音の情報を分析し，人が感じる（もしくは機器に収録される）音の大きさや性質を一つの数字で表現する測定器です。このとき，騒音の性質により音の大きさの適切な評価方法は異なりますし，騒音を受聴する人の聴覚の特性

も考慮して測定を行わなければ適切な測定結果は得られません。これらの評価方法を測定に反映するために，騒音計には多数の設定項目が用意されています。したがって，騒音計を利用する際には，評価したい騒音源の性質や受聴者の聴覚特性をあらかじめ知っておく必要があります。

なお，騒音の測定においては，Q14で説明したように伝搬系（音がどのように伝わるか）も意識する必要がありますが，ここでは騒音計の使い方に話を限定し，①**騒音源の性質**，②**受聴者の聴覚特性**という観点から騒音計の設定方法について概説します。

騒音源の性質

騒音源の性質の分類として，**図2**のように，（a）定常的な騒音，（b）時間により大きく変動する騒音，（c）瞬間的に大きくなる騒音，などが考えられます。以降では各々の場合において，騒音をどのように評価すればよいか説明します。

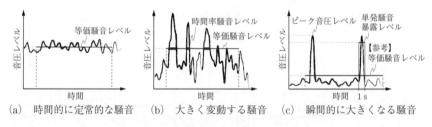

(a) 時間的に定常的な騒音　(b) 大きく変動する騒音　(c) 瞬間的に大きくなる騒音

図2　騒音の分類と音の大きさの評価方法

定常的な騒音の評価：等価騒音レベル

定常的な騒音といえども音の大きさに多少の変動はあるものです。そこで，騒音の大きさを評価する場合，測定時間内における騒音の音圧レベルを時間で平均化した値を利用します。これが，図（a）に示した「等価騒音レベル」です。

大きく変動する騒音の評価：等価騒音レベル，時間率騒音レベル

時間により大きく変動する騒音についても，多くの場合は定常的な騒音と同様に「等価騒音レベル」を利用します。また，測定時間のうち，ある音圧レベルを超える時間の割合に着目して音の大きさを表現する**時間率騒音レベル**も騒音規制法の評価基準などで利用されています。

瞬間的に大きくなる騒音の評価：ピーク音圧レベル，単発騒音暴露レベル

瞬間的に大きくなる衝撃音などの騒音に対して，音の大きさを測定時間の平

均値で評価する「等価騒音レベル」では,大きさが過小評価される傾向にあります。これを回避するため,瞬間的に大きくなる騒音の評価指標には,測定した騒音のなかで音圧レベルが最大の値を評価値とする「ピーク音圧レベル」が利用されています。また,1回の騒音のエネルギーを,同じエネルギーをもつ1秒の定常音に変換して評価する「単発騒音暴露レベル」が用いられる場合もあります。

受聴者の聴覚特性

騒音計では,聴覚特性に関連する項目として,周波数重み特性と時間重み特性に対する設定が用意されています。

周波数重み特性:A特性,C特性,Z特性

騒音の大きさを評価する際に,物理的な指標である音圧レベルではなく,人の聴覚特性に基づいて評価することがあります。音圧レベルと,人が感じる単一周波数の正弦波の大きさには,**図3**の等ラウドネスレベル曲線に示すような関係があります。騒音計ではその関係に基づいて,周波数毎に音圧レベルを補正して評価を行うことができるようになっています。

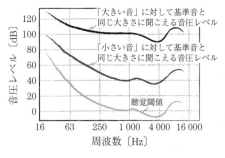 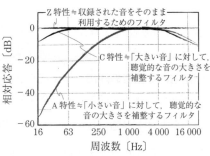

図3 等ラウドネスレベル曲線　　　　　図4 周波数重み特性[1]

例えば,**図4**に示すように,小さい音(例えば,1 kHzで40 dBと同じ大きさに聞こえる音)に対してはその聴覚特性を模したA特性によって騒音を補正し,一方で大きな音(例えば,1 kHzで100 dBと同じ大きさに聞こえる音)に対しては,その特性を模擬したC特性によって補正し,音の大きさを評価するといった使い方です。また,人の聴覚特性を模擬せずに,収録した音をそのまま評価するためのZ特性(FLAT特性。厳密には,10 Hz〜20 kHzで平

坦な周波数重み特性を持つものを Z 特性と呼び，範囲が定められていないものを FLAT 特性と呼ぶ）が利用可能な騒音計もあります。

ただし，単一周波数の正弦波で測定された等ラウドネスレベル曲線を，複数の周波数を含む騒音の大きさの評価に適用するのは適切ではなく，大きな音も小さな音も A 特性で補正したほうが音の大きさとの相関がよいとする研究結果もあります[2]。そのため，現在では音の大きさに関係なく A 特性で測定する方法が一般的になっています。

時間重み特性：F 特性，S 特性，I 特性

人の聴覚特性に基づいて騒音の大きさを評価する場合，時間応答も考慮する必要があります。人の聴覚を模した特性としては，図5 に示すように，立ち上がりと減衰の時定数が共に 125 ms である F 特性が用意されています。ただし，鉄道騒音や航空機騒音などでは，立ち上がりと減衰の時定数がともに 1 s である S 特性を用いることが一般的ですので注意が必要です。なお，衝撃音の時間特性を模した，I 特性（立ち上がり 35 ms，減衰

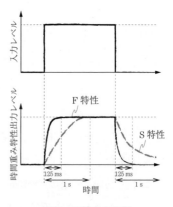

図5　時間重み特性

1.5 s）が利用可能な騒音計もありますが，実際の衝撃音の評価には適さないことがわかっており，現在では利用は推奨されていません。

騒音計や騒音の測定に関しては，日本工業規格[3),4)]に詳細な記述がありますので，騒音計を使用する前に一度目を通しておくことをお勧めします。

参考文献

1) 前川純一，森本政之，阪上公博：建築・環境音響学　第3版，共立出版（2011）
2) 守田栄：騒音レベルと音の大きさのレベルに関する統計的研究　騒音スペクトルに関する統計的研究第 I 報，日本音響学会誌，**17**，1，pp.38-43（1961）
3) 日本工業規格，JIS 1509：電気音響—サウンドレベルメータ（騒音計）
4) 日本工業規格，JIS Z8731：環境騒音の表示・測定方法

（井本桂右）

Q16

マイクロフォンのキャリブレーションって何ですか？

マイクロフォンのキャリブレーションとは何のことなのでしょうか。マイクロフォンや騒音計を使ううえで必要なことなのでしょうか。

A

> ざっくり言うと…
> - 音圧とマイクロフォンの出力電圧の関係を求めること
> - 正しい音圧を求めたいときは必ず行うこと
> - 音響校正器などの専用の装置が必要

マイクロフォンは，空気が**振動膜**（板）を押すことによって生じる振動膜（板）の変化量を電気信号に変える装置です。**キャリブレーション（校正）**とは，電気信号から実際の音圧をわかるようにすることです。

マイクロフォンには，コンデンサマイクロフォンやダイナミックマイクロフォンなどのいくつかの種類がありますが，空気の圧力の変化によって振動膜が振動し，振動膜の変化量を電気信号に変換するという仕組みは共通しています。ここでは，コンデンサマイクロフォンを例に説明します。

コンデンサマイクロフォンでは，空気の振動を受ける振動膜と固定電極によるコンデンサの効果を利用します。**図1**にこの様子を示します。ここで，コンデンサの**静電容量**は振動膜の面積，振動膜と固定電極の間の距離によって決まりますが，空気が振動すると，空気が振動膜を押したり引いたりして振動膜が振動し，固定電極までの距離が変化します。このとき，静電容量が変化するので，空気の振動を電気信号として取り出せるわけです（静電容量の変化により電極の端子電圧が変化）。

ところが，振動膜の張り具合は，個体差があります。同じ音圧に対して，同じ電気信号を出力するように振動膜の張り具合を調整するのは難しいですし，

Q16 マイクロフォンのキャリブレーションって何ですか？

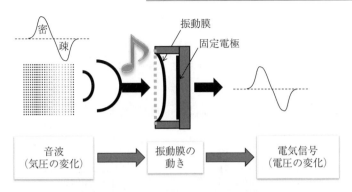

図1　コンデンサマイクロフォンの原理

出てくる電気回路で調整するのも設計上，限界があります．また，振動膜の張り具合は，製造時と比べて時間とともに変化します．さらに，振動膜の張り具合だけでなく，電気回路も含めて，経年劣化します．室温や湿度などといった様々な状況によっても変化します．

　例えば，和室にある障子を思い出してみましょう．同じ力で押しても，どれも違う押し具合になっていると思います．どれも同じ張り具合にするのは難しいですし，一度貼った障子の張り具合を調整するのは貼り替えるしかありません．障子も時間が経過すれば張りが変化しますし，湿度などの環境の影響も受けます．

　実際のマイクロフォンでは，振動膜の張り具合が一定かつ安定になるように作られますが，マイクロフォンも同様に様々な要因により，同じだけ空気に押されても，振動膜の変化量が変わります．

　そこで，どれくらいの圧力で空気から押されたときに，どの程度の振動膜の変化が生じ，その変化がどれくらいの電気信号になっているのかの関係，つまり**マイクロフォンの感度**を調べることが必要になります．これをキャリブレーションと呼びます．マイクロフォンの感度は，1 Pa（パスカル）（音圧 94 dB に相当），1 kHz の音圧で押されたときに，電気信号の出力が 1 V である場合を基準とし，これを 0 dB としています（**図2**）．

Q 16 マイクロフォンのキャリブレーションって何ですか？

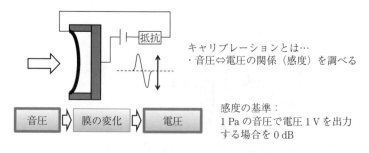

図2 マイクロフォンの感度レベル

　キャリブレーションのやり方は，**音響校正器**（ピストンフォン）を使った方法，校正が終わっているマイクロフォンと比較する方法（**置換法**），2本のマイクロフォンを使う方法（**相互相反校正法**）などがあります。ここでは，あらかじめわかっている音圧で振動膜を振動させることでマイクロフォンの入力感度を調べる，音響校正器を使った方法を説明します（**図3**，**図4**）。

　音響校正器は，周波数 250 Hz で音圧 124 dB，あるいは周波数 1 kHz で音圧 94 dB など，あらかじめどの周波数でどれくらいの音圧であるかが決まっています。これをマイクロフォンに当てて，電気信号を確認します。

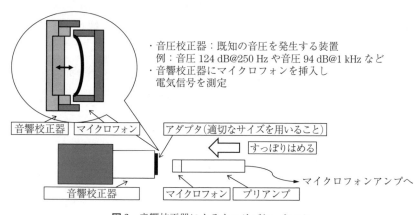

図3 音響校正器によるキャリブレーション

Q16 マイクロフォンのキャリブレーションって何ですか？

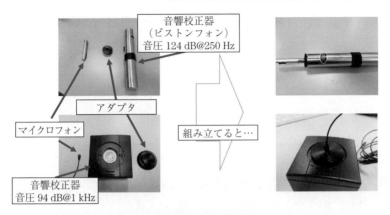

図4 音響校正器の使用例

　同じ音圧でもマイクロフォンの種類によって，同じ種類でもマイクロフォンごとに，同じマイクロフォンでも測定環境によって，出力される電気信号が異なります。そのまま電気信号を記録しても，後で電気信号だけを見たとき，音圧がいくつだったかわかりません。マイクロフォン感度を記録しておいて，音圧に換算しましょう。

　マイクロフォン感度が異なっても，同じ音圧だったら同じ電気信号が出てくるように，マイクロフォンアンプの出力レンジを調整しておくと後々便利です。例えば，周波数 250 Hz で音圧 124 dB，あるいは周波数 1 kHz で音圧 94 dB などの入力に対して，電気信号がマイクロフォン感度によらず 1 Vrms となるようにマイクロフォンアンプの出力を調整します。騒音計などでは，正しい音圧値を表すように自動で調整するものもあります。

参考文献

1) 川村雅恭：電気音響工学概論，昭晃堂（1971）
2) 子安勝 編：騒音・振動（上），コロナ社（1978）

（大出訓史，小野一穂）

Q17

ホワイトノイズって何ですか？

よくホワイトノイズという言葉を聞きますが，どんな信号なのでしょうか？

A

ざっくり言うと…
- 各時刻でランダムな値をとる時系列信号
- パワースペクトルが全周波数帯域で一定
- ノイズ，すなわち計測信号に混入する不要な成分

ノイズとホワイトノイズ

ボイスレコーダ等で録音を行う際，所望の音声以外の様々な音がしばしば録音されます。例えば，マイクの感度を上げたときに混入する「サー」という音などです。それらの不要な成分は総称して**ノイズ**と呼ばれます。ノイズは正確な音声信号処理を阻害する要因となるため除去するのが望ましいですが，非常に不規則な値をとるため，手がかりなしで適切に除去することは困難です。

そのような不規則なノイズに対しては，統計的な性質を知ることが重要であり，**ホワイトノイズ**は代表的なモデルとして頻繁に使用されます。ホワイトノイズは，**図1**に示す波形のとおり非常に不規則に変化する信号で，実際の身の回りのシーンに多く存在します。例えば前述の「マイクの感度を上げたときのノイズ」もホワイトノイズと考えられます。ここではホワイトノイズの基本事項について説明します。

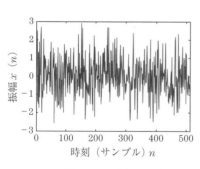

図1　ホワイトノイズ

ホワイトノイズの定義と性質

ここでは信号は計算機にとりこまれた離散信号 $x(n)$ として考えます。n は離散時刻を表します。離散信号 $x(n)$ がホワイトノイズであるとは，**自己相関関数** $R_{xx}(k)$ が

$$R_{xx}(k) \triangleq E[x(n)x(n+k)] = \begin{cases} \sigma_x^2 & (k=0) \\ 0 & (k \neq 0) \end{cases} \quad (1)$$

を満たす信号と定義されます。ただし $E[\cdot]$ は期待値，σ_x^2 は $x(n)$ の分散（振幅値の平均値からのばらつき度合い）とします。さて式（1）の意味は何でしょう？ この式は，信号 $x(n)$ を任意時間シフトした信号と信号 $x(n)$ 自身にまったく相関がない（まったく関係ない値をとる）ことを示しています（**図2**）。つまり，式（1）から，ホワイトノイズは自分自身であっても前後の値が何であるか予測のつかない，統計的に非常に不規則な値をとる信号であると考えることができます。

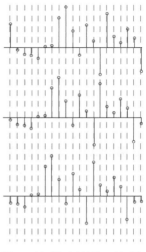

図2 （上段）原信号，（中段）1サンプルシフト，（下段）2サンプルシフト

ホワイトノイズのもう一つの重要な性質を説明する前に，**パワースペクトル**を導入します。

信号 $x(n)$ のパワースペクトル $S_{xx}(\omega)$（ω は角周波数〔rad/s〕）は

$$S_{xx}(\omega) \triangleq \sum_{k=-\infty}^{\infty} R_{xx}(k)\exp(-j\omega k) \quad (2)$$

つまり自己相関関数のフーリエ変換（⇨Q03）として定義されます。パワースペクトルと呼ばれる理由は，$S_{xx}(\omega)$ と信号 $x(n)$ のフーリエ変換の間に

$$S_{xx}(\omega) = \lim_{M \to \infty} E\left[\frac{1}{2M+1}\left|\sum_{n=-M}^{M} x(n)\exp(-j\omega n)\right|^2\right] \quad (3)$$

の関係が成り立つからです（**ウィナー・ヒンチンの定理**）[1]（この時間信号をフーリエ変換したものの二乗値をパワースペクトルの定義として覚えている人も多いかと思います）。

Q 17 ホワイトノイズって何ですか？

前述のパワースペクトルに関して，ホワイトノイズの場合「全周波数帯域でパワースペクトルが一定」という重要な性質があります[1]。実際，式（1）の両辺にフーリエ変換を施すことで，$S_{xx}(\omega) = \sigma_x^2$ が導かれます。この結果より，ノイズのパワースペクトルは，すべてのスペクトル成分を含む白色光のように，すべての周波数成分を同じ大きさのものとして一様に含んでいるので，「ホワイト」ノイズと呼ばれています。

ここで図1に示したホワイトノイズの自己相関関数とパワースペクトルを**図3**, **図4**に示します。ただし，観測された一つの信号から真の自己相関関数・パワースペクトルは求まらないため結果は推定値となります。ここでは信号 $x(n)$ ($n = 0, \cdots, N-1$) に対して，自己相関関数 $R_{xx}(k)$ に，パワースペクトル $S_{xx}(\omega)$ を

$$R_{xx}(k) = \frac{1}{N}\sum_{n=0}^{N-k-1} x(n)x(n+k), \quad S_{xx}(\omega) = \frac{1}{N}\left|\sum_{n=0}^{N-1} x(n)\exp(-j\omega n)\right|^2 \quad (4)$$

によって推定しています[1]（このスペクトル推定法は**ピリオドグラム**と呼ばれる）。

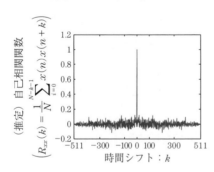

図3 ホワイトノイズ（図1）の自己相関関数

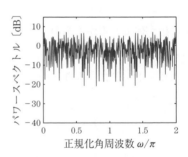

図4 ホワイトノイズ（図1）のパワースペクトル

ホワイトガウスノイズ

ホワイトノイズの中で特に重要なものが「ホワイトガウスノイズ」です。すなわち振幅値 $x(n)$ が式（1）を満たし，かつ**ガウス分布**に従う（**確率密度関数**を $f(x)$ とすると

$$f(x) = \frac{1}{\sqrt{2\pi\sigma^2}} \exp\left(-\frac{(x-\mu)^2}{2\sigma^2}\right) = N(\mu, \sigma^2) \quad (5)$$

と表される）ものを指します（図5）。式（5）はランダムに現れるノイズの振幅 $x(n)$ がどのような値をとりやすいかを示しています。図5からわかるように、ホワイトガウスノイズの振幅は ± 1 に制限されることはありません。

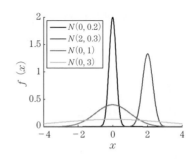

図5　ガウス分布

ホワイトノイズの生成方法

ホワイトノイズの生成法の一つとしてボックス・ミューラー法を紹介します[2]。本手法で生成するホワイトノイズはガウス分布に従うので、生成された信号はホワイトガウスノイズとなります。

アルゴリズムは大まかに以下の2ステップです。

ⅰ. **一様分布**に従う乱数 X_1, X_2 を生成する。

ⅱ. $Y_1 = \sqrt{-2\log X_1}\cos(2\pi X_2)$, $Y_2 = \sqrt{-2\log X_1}\sin(2\pi X_2)$ で Y_1, Y_2 を生成する。

以上の Y_1, Y_2 は独立なガウス分布 $N(0, 1)$ に従います。平均0で独立な時系列であることからホワイトノイズの定義式（1）を満たします。また分散を任意の値（例えば σ^2）に調整する場合は $\sigma Y_1, \sigma Y_2$ とすることで得られます。なお、ステップⅰの一様分布に従う乱数の生成法は**線形合同法**

$$X(k) = (aX(k-1) + c) \mod M \tag{6}$$

などが知られています[3]。

ここではホワイトガウスノイズの生成方法について紹介しました。ただし一般的には、使用するプログラミング言語のライブラリにホワイトノイズや一様・ガウス分布の乱数生成等の関数が入っている場合が多いため、必要の際には、それらの関数を使用すれば問題ありません。

参考文献

1) 和田成夫：スペクトル解析，電子情報通信学会，知識ベース，1群5編4章 (2011)
2) 平岡和幸，堀玄：プログラミングのための確率統計，オーム社 (2009)
3) 奥村晴彦：C言語による最新アルゴリズム事典，技術評論社 (1991)

（京地清介）

Q18

音響エネルギーレベルって何ですか？

音響エネルギーレベルは，どのような場合に使いますか。教科書では，音響パワーレベルと比較されることがありますが，違いは何ですか。測定事例を教えてください。

A

> ざっくり言うと…
> ●衝撃音の放射量を定量化した値
> ●音響パワーレベルの衝撃音版
> ●重要なのは時間積分

何を測るもの？

音の状態をおおまかに分類すると，**図1**のようにモデル化することができます。ここで，**暴露**とは，人が音にさらされることであり，その音の大きさを定量的に表したものが音圧レベルです。一方，**放射**とは，音源から音が発生することであり，発生した音の放射量を定量的に表したものが音響パワーレベルや音響エネルギーレベルです。発生した音と言っても種類は様々です。例えば，自動車の走行音やエアコンの動作音のように「ブーン」や「ザー」といった一定の量で継続的に放射するもの（**定常音**）や，太鼓を1回叩いた「ドン」という音，風船が破裂するときの「パン」という音などのように，単発的に放射するもの（**衝撃音**）があります。そこで，放射された音の時間的な変動特性で分類し，定常音の放射量を**音響パワーレベル**，衝撃音の放射量を**音響エネルギーレベル**で表します。

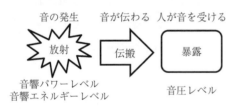

図1 音の状態の分類

音響エネルギーレベルの定義

図2に物理量および定義式の関係を示します。音響パワーレベル L_W と音響エネルギーレベル L_J の単位は,どちらも dB（デシベル）であり,もともとの物理量である音響

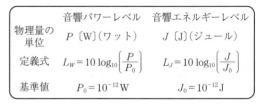

図2 物理量および定義式の関係

パワー P〔W〕（ワット）と音響エネルギー J〔J〕（ジュール）をレベル表示したものです。

図3に定常音および衝撃音の放射量と時間の関係を示します。図（a）は,放射量 $P(t)$ が時間 t に関わらずほぼ一定であるので,$P(t)$ を時間平均した P を単位時間あ

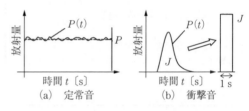

図3 放射量の時間変動

たりの量である音響パワーで評価します。図（b）は,放射量 $P(t)$ が過渡的に変化していることから時間平均で表すことができません。そこで,発生時間全体にわたって $P(t)$ を時間積分した J を音響エネルギーで評価します。しかし,積分しただけでは,時間的な概念がないことから,1秒間で基準化したときの大きさとして表します。これらは,電気の分野で言い換えれば,単位時間に消費した電力と,消費した時間だけ積分した電力量と同じ関係になります。

半無響室における L_J の測定原理と測定方法

音響パワーレベルと音響エネルギーレベルの測定方法は,マイクロフォン配置など共通することが多いことから,同じ JIS に規格化されています。ここでは,物理的な現象として直感的に理解しやすい,半無響室内で測定を行う**半自由音場法**での測定例を示して,測定原理について簡単に説明します。

半無響室内で,楽器のティンパニを1回だけ叩き,「ポン」という模擬的な衝撃音を発生させて,音響エネルギーレベルを測定しました[2]。床の上に設置

Q 18 音響エネルギーレベルって何ですか？

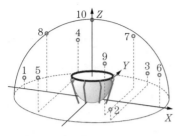

図 4 半自由音場法による測定

音圧の時間変動 $p_i(t)$〔Pa〕(i はマイクロフォン番号)
⇩ 平面波音場を仮定
音響インテンシティの時間変動 $I_i(t)$〔W/m²〕
⇩ 発生時間全体で時間積分
音響インテンシティ暴露量 j_i〔J/m²〕
⇩ 10 個の j_i を平均
音響インテンシティ暴露量の平均値 $\overline{j}$〔J/m²〕
⇩ 測定閉曲面の面積を乗算
音響エネルギー J〔J〕

図 5 半自由音場法による L_J の測定原理

$$L_J = \overline{L_{pE}} + 10 \log_{10} \frac{S}{S_0}$$

$\overline{L_{pE}}$ は単発音圧暴露レベルの平均値〔dB〕
S は閉曲面の面積, S_0 は 1 m²

図 6 半自由音場法による L_J の算出式

したティンパニを図 4 に示すような半球面状の仮想の測定閉曲面で囲みます。面上に均等な間隔になるように 10 個マイクロフォンを配置して，それぞれのマイクロフォンで測定した音圧の変動波形から音響エネルギーレベルを算出します。図 5 に測定原理を示しますが，重要なポイントは，音の強さの量である**音響インテンシティ**（音圧と粒子速度の積）を求めて，発生時間全体で時間積分することと，測定閉曲面の面積を乗算することで，半球面を通過する放射量をすべて捉えることです。実は，この測定方法では，式を整理すると図 6 に示す簡単な式となり，各マイクロフォンで測定した単発音圧暴露レベル L_{pE} を平均した $\overline{L_{pE}}$ と，半球面の面積 S から求めることができます。

一般空間における L_J の測定例

工場内に設置されている大型機械が発する衝撃音の音響エネルギーレベルを測定した例を紹介します[3]。図 7 に示すハンマー鍛造器は，高温に熱した金属材料に金型付のハンマーを振り下ろすことによって成型する機械で，中央のハンマーを振り下ろすごとに衝撃音が発生します。測定は，一般的な空間でも測定可能な**音響インテンシティ法**で行いました。この測定方法では，原理的に測定対象とした音源以外の音の影響を受けないため，多少の反射がある屋内でも測定することができます。図 8 に示すように，鍛造器を仮想の測定閉曲面で囲

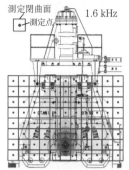

図7　ハンマー鍛造器　　図8　測定閉曲面と測定結果の一例

み40 cm四方のメッシュで分割します。インテンシティプローブを用いて，分割閉曲面を通過する音響インテンシティ暴露量の鉛直成分を一つずつ測定します。測定結果の一例を示しますが，金型と金属材料が衝突する中央から，音が強く放射している様子が見られます。図9に示す算出式により，測定閉曲面全体で積分することで，鍛造器全体が発する衝撃音の音響エネルギーを求めることができます。また，音響インテンシティ法では，測定したい箇所のみを測定閉曲面で囲むことにより，部位別の放射量を測定することもできます。この方法

$$L_J = 10 \log_{10} \frac{1}{S_0} \sum_i \left(10^{L_{J,i}/10} \cdot S_i\right)$$

$L_{J,i}$はi番目の分割閉曲面の音響エネルギー暴露量〔J/m²〕
S_iはi番目の閉曲面の面積〔m²〕
S_0は1 m²

図9　音響インテンシティを用いたL_Jの算出式

による音響エネルギーレベルの測定方法は，まだISOやJISで規格化されていませんが，対応する音響パワーレベルの測定方法を応用して測定を行いました。

参考文献

1) 橘秀樹，矢野博夫：改訂 環境騒音・建築騒音の測定，コロナ社（2012）
2) 太田達也，横山栄，矢野博夫，橘秀樹：衝撃性音源の音響エネルギーレベルの測定方法に関する検討と実測例，日本音響学会講演論文集，pp.649-650（2006.9）
3) ハンマー鍛造の騒音の大幅低減システムに関する調査研究報告書：http://www.jfa-tanzo.jp/contents/02association/06jutaku/souonteigen.pdf，一般財団法人機械システム振興協会（2009）（2016年7月現在）

（太田達也）

Q19

定比バンド幅分析と定バンド幅分析って何が違うのですか？

周波数分析の方法に，定比バンド幅分析と定バンド幅分析がありますが，これらは何が違い，どちらを利用すればよいのでしょうか？

A

> ざっくり言うと…
> ●測定目的によって使い分けることが必要
> ●定比バンド幅分析は主に音の大きさが重要な場合に
> ●定バンド幅分析は純音性成分などの詳細な調査に

用語の定義

まず，**定比バンド幅分析**と**定バンド幅分析**というややこしい表現が理解を邪魔する可能性もあるので，多少の誤解を恐れずにここでは定比バンド幅分析をCPB分析，定バンド幅分析をFFT分析と呼ぶことにします。

CPBとは，constant percentage bandwidthの略で，日本語に訳すとまさに定比バンド幅です。JIS規格（C 1513, C 1514）に従って$1/N$オクターブバンド分析とも呼ばれることが一般的で，騒音振動・建築音響の分野では基本的な周波数分析の方法です。FFT分析は，その名のとおりFFT（fast Fourier transform, ⇨Q03）を用いた周波数分析の方法です。FFTは周波数成分の振幅だけでなく位相も得られるので詳細な分析ができますが，FFT分析器に関する工業規格はありませんので，仕様を十分に勉強して利用する必要があります。

電気的な違い

CPB分析とFFT分析の違いを理解するためのポイントとして**バンド幅**があります。バンド幅は周波数範囲の広さを意味しており，どちらの分析方法についても，元の音源からある一定の周波数範囲に含まれる音の成分を抽出するという共通点があります。両者で異なる点は周波数範囲の決め方で，その概念を

Q.19 定比バンド幅分析と定バンド幅分析って何が違うのですか？

表1 FFT分析とCPB分析のバンド幅のイメージ

		横幅をリニア表示	横幅を対数表示
バンド幅	FFT分析		
	CPB分析		

表1に示します。

この表で示した四つの棒グラフは，横軸が周波数，灰色の棒が各バンドで，その幅がバンド幅を表しています。横軸をリニア表示したグラフに着目すると，FFT分析は同じ幅の細い棒が並んでいるのに対し，CPB分析は周波数が高くなるに従って棒の幅が太くなっています。一方，横軸を対数表示したグラフでは，FFT分析は周波数が高いほど棒の幅が細く，CPB分析は周波数によらず同じ太さのように"見え"ます。これは，FFT分析のバンド幅は周波数によらず一定ですが，CPB分析は対数表示した周波数に対して一定のバンド幅となるように定めているからです。

次に，このバンド幅の定義の違いによって分析結果がどう異なるかについて，ホワイトノイズ（⇨Q17）に対する適用結果のイメージを表2に示します。どちらのグラフも横軸は対数表示した周波数で，縦軸は相対的な音圧レベルを表しています。ホワ

表2 ホワイトノイズの分析結果のイメージ

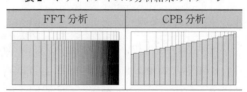

イトノイズの周波数特性は，無限時間の平均を仮定すれば全帯域にわたって一定のパワーですから，周波数によらずバンド幅が一定であるFFT分析では結果は平坦になります。一方，CPB分析の場合には，バンドの中心周波数が2倍になるとバンド幅も2倍となる関係がありますので，バンド内に含まれている

Q19 定比バンド幅分析と定バンド幅分析って何が違うのですか？

音響パワーも2倍（＝3 dB 加算）になります。そのため，ホワイトノイズを CPB 分析した結果は 3 dB/octave の右肩上がりの形となります。

騒音振動分野での使い分け

さて，この一見難解にも見える「対数表示した周波数に対して一定のバンド幅」がなぜ一般的に用いられているのか疑問に思うかもしれませんが，理由の一つとして，騒音を評価するうえで重要な**ラウドネス**（感覚的な音の大きさ）と相性が良い点が挙げられます。これは**図1**に示すように，聴覚フィルタ（⇨Q38）の**臨界帯域幅**と，**1/3 オクターブバンドフィルタ**のバンド幅がほぼ等しいためです。実際に ISO 532 : 1975 の Method B で示されているラウドネスレベルの計算方法では，1/3 オクターブバンドの分析結果を用いてラウドネスを算出する方法が示されています。

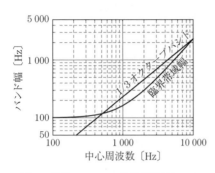

図1 聴覚フィルタの臨界帯域幅と 1/3 オクターブバンド幅の比較

また，道路交通騒音や鉄道騒音，航空機騒音などの一般環境騒音の音源特性は位相がランダムな雑音とみなすことができる場合がほとんどであるため，FFT 分析のような細かい分解能を必要としないことが多い点も挙げられます。

騒音分析の一例として，電車の車内における走行音を分析した結果を**図2**に示します。この分析では，CPB 分析は 1/3 オクターブバンド，FFT 分析は周波数分解能 1.46 Hz としています。CPB 分析の結果では，500 Hz 帯域が多少特徴的であるものの，全体的には右下がりの広帯域雑音のように見えます。一方，FFT 分析の結果では，90, 180, 540, 3 600 Hz 付近で突出した**純音性成分**が見

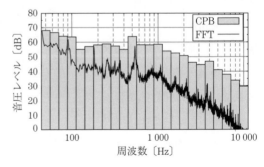

図2 FFT 分析と CPB 分析による騒音の分析例

られます。騒音のラウドネス評価の場合には1/3オクターブで十分である場合がほとんどですが，この例のように，測定対象に純音性成分が含まれていることが聴感的に明らかな場合や，騒音発生機構的に純音性成分が発生する可能性が考えられる場合には，FFT分析による詳細な周波数分析を実施して**アノイアンス**（音のうるささ）の評価や純音性成分の低減対策を行うことがあります。

建築音響分野での使い分け

　建築音響分野の測定法で代表的なもののうち，JIS規格が定められているものを**表3**に示しますが，建築音響分野における周波数分析もCPB分析が基本であることがわかります。これには様々な理由がありますが，その一つとして建築材料や建物の性能評価，すなわち音響的な性能を数値で表して基準値や他製品の性能と比較するなどの場合には，実務的かつ簡便な評価量が求められている点があります。この視点に立てば，音のエネルギーに着目する（＝位相を考慮しない）評価量で十分である場合が多いこと，また，特定周波数の局所的な特性ではなく，一定周波数帯域の平均特性のほうが実環境に則しているなど，CPB分析の特徴が利用可能です。一方，FFT分析を用いる垂直入射吸音率は，測定精度も高く詳細な性能が計測できますが，前提条件が特殊であるため，主に製品管理や研究開発分野で用いられています。また，規格はありませんが，試験体の共振点を把握するための振動特性の測定などにもFFT分析が用いられます。

表3 代表的な測定法で用いられる周波数分析方法

分析方法	測定対象
FFT	垂直入射吸音率（音響管）
CPB	残響時間，吸音率（残響室），遮音性能など

　最後に，音響測定法のJIS規格には測定原理などの解説が記載されているものが多いので，是非一読されることをお勧めします（規格本文はWEB上で誰でも無料で閲覧可能です）。

参考文献

1) 時田保夫：音の環境と制御技術 第Ⅰ巻 基礎技術，第4編 音響計測・解析技術，フジ・テクノシステム（2000）

（小林知尋）

Q 20

残響時間はどのようにして把握するの？

室内の音環境を評価する際によく用いられる残響時間はどのように測定するのでしょうか。また，建物を作る前に残響時間を予測することはできますか？

A

> ざっくり言うと…
> ● 室内の壁や天井の吸音率がわかれば簡単に予測可能
> ● スピーカから試験音を放射し，試験音の音圧レベルが60 dB減衰するまでの時間を測定
> ● インパルス応答からも計算可能

残響時間の予測

お風呂場やトイレで音を出すと，音はその瞬間になくならず徐々に減衰してなくなることを経験したことがあるでしょう。このように，音が停止した後に室内に残る音を**残響**と呼びます。このような残響は壁面や天井面などから反射した音によるもので，部屋の形，大きさ，壁面や天井面，床面の仕上げ材料の影響を受けます。**残響時間**は，このような残響のエネルギーが音源を停止してから100万分の1（−60 dB）に減衰するまでに必要とされる時間〔秒〕のことを意味します。

さて，ある部屋の残響時間を予測するにはどうしたらよいでしょう？　この問題は古くから検討されており，19世紀末にセービンにより残響の予測式が提案されました[1]。

以下の式（1）と式（2）で表される残響式は実測実験により求められたものです。変数を見ればわかるように，コンサートホールなど大きくて響く部屋を想定しています。ですので，吸音力が大きい室では平均吸音率（$\bar{a}$）が1.0の場合でも残響時間（T）は0秒にならないなど矛盾を含んでいます。

$$T = \frac{0.16V}{\bar{\alpha}S} \qquad (1)$$

$$\bar{\alpha}S = \sum_i \alpha_i S_i + \sum_j A_j = A \qquad (2)$$

ここで，V：室容積〔m³〕，S：室表面積〔m²〕，$\bar{\alpha}$：平均吸音率，α_i, S_i：客席部の吸音率，面積〔m²〕，A_j：1名の人体，家具等の吸音力〔m²〕です。

アイリングらは，このような矛盾を排除した新しい残響式を提案しました。以下の式（3）のように表されます。

$$T = \frac{0.16V}{-S\ln(1-\bar{\alpha})} \qquad (3)$$

この他に，大空間での空気吸収による影響を考慮した残響式などもあります。しかし，このような公式による残響時間は，室内のどこでも一定な量の音が放射されることを仮定する**完全拡散音場**を想定しています。そのため，吸音材が均一に配置されていない空間や，異なる減衰率をもつ部屋が結合している場合には正しい残響時間を求めることはできません。ですので，このような残響式により求める残響時間は，計画段階での一次的な検討としてよく用いられます。より正確な残響時間を予測するためには，波動方程式を用いたコンピュータシミュレーションなどが用いられています。もし，実在する空間ならば実測によって調べることもできます。

残響時間の測定

残響時間の測定法は，国際規格 ISO 3382-2：2008 により2種類の測定法が定められています。

ノイズ断続法（interrupted noise method）　この手法は，スピーカから試験音を放射し試験音が部屋に充満したら，音を停止した後の音圧レベルを記録して残響時間を読み取る方法です。図1のように記録した各周波数帯域の**残響減衰曲線**の定常状態から $-5 \sim -35$ dB に減衰するまでにかかる時間 t_1 を2倍すれば残響時間 T_{30} が得られます。試験音は，音源のスペクトルが各周波数帯域（125～4 000 Hz）で平坦な特性をもつ広帯域ノイズ，あるいはバンドノイズを使用します。正しく残響時間を調べるためには，音場が定常状態になる

Q 20　残響時間はどのようにして把握するの？

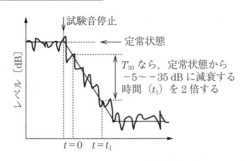

図1　ノイズ断続法による残響減衰波形

まで十分な放射時間として最低で残響時間の1/2以上，大空間の場合は数秒以上を確保する必要があります。試験音として使うノイズはランダム性をもつため，測定点ごとに3回以上計測し平均するように規格で定められています。

インパルス応答積分法（integrated impulse method）　この手法は，測定した音源点と受音点間のインパルス応答から求めた残響減衰曲線の傾きで残響時間を推定する方法です。シュレーダーの理論に基づいており，以下の式（4）で定義されます[2]。

$$\langle s^2(t) \rangle = N \int_t^\infty r^2(\tau) d\tau \tag{4}$$

ここで，$\langle s^2(t) \rangle$：音圧減衰の集合平均，N：ノイズのパワー，$r^2(\tau)$：インパルス応答の二乗です。

図2のように測定したインパルス応答を二乗した値を積分して求めた包絡線（残響減衰曲線）を最小二乗法により近似して残響時間を読み取ります。インパルス積分法でも，ノイズ断続法と同様に暗騒音の影響で，図（b）のように後半では減衰曲線が平らな形となります。また，初期の反射音は連続的に到来しないため，減衰曲線が一様になりません。このため，－5 dB から －35 dB の減衰範囲に直線を引いて求めた時間に，－60 dB の減衰に相当する値として2倍した時間を残響時間（T_{30}）とします。この方法はノイズ断続法より再現性が高く，1測定点につき測定回数は1回でよいです。

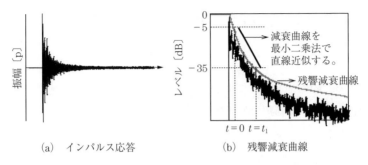

図2　インパルス応答積分法による残響減衰曲線

　インパルス応答の測定方法は，SN比を確保することが有利であるTSP法（time-stretched pulse）やMLS法（maximum length sequence signal）が一般によく用いられます[3,4]。もし，暗騒音が大きくて十分なSN比が確保できない場合は，同期加算や継続時間が長い**TSP信号**を用いることもできます。ただし，同期加算による測定誤差や音場の時変性の影響を受ける恐れがあるので注意する必要があります。

　残響時間は空間の音響性能を把握するために最も基本的な指標であり，空間の印象を決める因子でもあります。ですので，残響時間を把握する方法のみならず，その用途に適した残響時間も把握しておく必要があります。ここで紹介している残響公式や測定手法は拡散音場を想定していますが，実際の空間ではそうでない場所のほうが多いです。そのため，残響時間を測定する際は，音源点と受音点の位置関係による影響を十分に考慮して行うことが重要です。

参考文献
1) 前川純一，森本政之，阪上公博：建築・環境音響学 第3版，共立出版（2011）
2) M.R. Schroeder：New method of measuring reverberation time，*J. Acoust. Soc. Am.*，37，pp.409-412（1965）
3) 橘秀樹，矢野博夫：改訂 環境騒音・建築音響の測定，コロナ社（2012）
4) 佐藤史明：室内音響インパルス応答の測定技術，日本音響学会誌，**58**，10，pp.669-676（2002）

（李　孝珍）

Q 21

吸音材にはどのようなものがあるの？

吸音するための音響材料（吸音材）には様々な種類がありますが，どのような場合にどのような種類の吸音材を使用すればよいのでしょうか。吸音材の種類とその吸音特性の特徴を教えてください。

A

> ざっくり言うと…
> ● 多孔質型，共鳴器型，板（膜）振動型の三つに分類
> ● 例えばグラスウール，孔あき板，隙間のある2枚の板（膜）
> ● 吸音メカニズムによって吸音特性は異なる

壁などの境界面に入射したときの音のエネルギーは，**図1**に示すように，壁の表面で反射される音のエネルギー（反射），壁の中で熱に変換される音のエネルギー（吸収），壁を透過する音（透過）に分けられます。吸音とは，壁に入射した音のエネルギー（E_i）に対する，反射する音のエネルギー（E_r）以外の音，すなわち，壁体内で吸収される音のエネルギー（E_a）と壁を透過する音のエネルギー（E_t）の割合です。吸音の大きさを表す**吸音率**$α$は，以下の式で表されます。

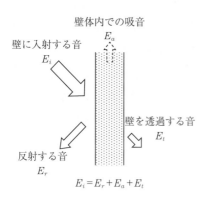

図1 壁面における音の入射・反射・透過

$$\alpha = \frac{E_i - E_r}{E_i} = \frac{E_a + E_t}{E_i}$$

したがって，吸音の定義には壁を透過する音のエネルギーも含まれますから，吸音率の高い材料は**遮音性能**が高いことにはなりません。吸音率が高い材

料を吸音材料と呼びます．吸音材料には様々な種類がありますが，吸音のメカニズムの違いによって，**多孔質型吸音材**，**共鳴器型吸音材**，**板（膜）振動型吸音材**の大きく三つに分類されています．

多孔質型吸音材の代表的なものには，グラスウールやロックウール，布類など，通気性のある繊維質の材料が挙げられます．多孔質型吸音材では，繊維質内部の空気の振動に摩擦が生じ，音のエネルギーの一部が熱のエネルギーに変換されて吸音される，というメカニズムです．多孔質型吸音材の吸音特性を**図2**に示しますが，一般に高い周波数帯域（2 kHz以上）の吸音率が高く，材料を厚くすることによって中音域（500 Hz～1 kHz）から低音域（250 Hz以下）まで吸音率を高くすることも可能になります．また，**図3**のように多孔質型吸音材を設置する際に背後に空気層を設けると，背後の空気層の厚さに応じて（背後の空気層を厚くすると）低い周波数帯域まで吸音効果を増加させることもできます．多孔質型吸音材では通気性能があることが吸音するためには重要であるため，多孔質型吸音材料の表面に塗装を施すと通気性を損うことになり，高音域の吸音性能が低下してしまうので注意が必要です（図2の点線）．

例えば，250 Hzの吸音率を比較すると，24 kg/m^{3}のグラスウールの場合，厚さ25 mmで約0.3～0.4，50 mmで約0.6～0.7，100 mmで約1.1～1.2ぐらいです．

共鳴器型吸音材の吸音のメカニズムは，特定の周波数の共鳴現象によって空

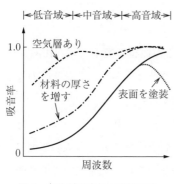

図2　多孔質吸音材の吸音特性

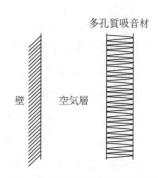

図3　多孔質吸音材と背後空気層

気が激しく振動し，音のエネルギーが熱のエネルギーに変換されるというものです。つまり，特定の周波数を中心に著しい吸音効果を有する吸音特性を示します。ビンの口に息をフーッと吹き込むと，ボーッと音が鳴ることを経験したことがあると思いますが，これが**共鳴現象**（⇨Q07）です。特定の周波数帯域のみを吸音したい場合には，共鳴器型吸音材が用いられます。共鳴器型吸音材の一例として，音楽室やスタジオなどで用いられることが多い孔あき板（有孔板）の吸音特性を図4に示します。

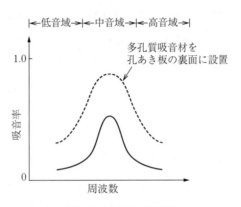

図4 孔あき板の吸音特性

図4の実線で示すように，孔あき板では中音域でピークとなり，その他の周波数帯域では吸音率が小さい，山形の吸音特性を示します。孔あき板の**共鳴周波数** f_0（吸音したい周波数）は以下の式で表されます。

$$f_0 = \frac{c}{2\pi}\sqrt{\frac{P}{(t+\delta)L}}$$

ここで，P：開口率（板の面積に対する孔の面積の割合），t：孔あき板の厚さ，δ：板厚に対する補正値（直径が円孔の場合0.8），L：空気層の厚さ（板とその後ろにある壁の隙間），c：音速を示す。

この式からわかるように，共鳴周波数は開口率，孔あき板の厚さ，背後空気層の厚さによって決まります。前述の多孔質吸音材を孔あき板の裏面に設置すると，低い周波数帯域から高い周波数帯域まで全体的に幅広い周波数帯域にわ

たって吸音効果を高めることができます（図4の破線）。また，孔あき板の背後空気層を厚くすれば，吸音率のピークを低い周波数帯域にすることができます。孔あき板は薄く，開口率が高いものはそれだけでは吸音効果が期待できないので注意が必要です。

　板（膜）振動型吸音材では，壁体との間に空気層を挟んで板を設置して使用するもので，板の弾性と空気層がバネの働きをする共振系となり，その共振周波数に近い周波数帯域で，板の振動のエネルギーが熱のエネルギーに変換されて吸音効果が生じます。板（膜）振動吸音材としては合板や石こうボードなどが用いられることが多く，これらの材料の共振周波数は低い周波数帯域にあるため，板（膜）振動型吸音材の吸音特性は**図5**のように低い周波数帯域で吸音効果を生じますが，多孔質吸音材や孔あき板と比べると，その吸音効果は小さいです。空気層の厚さは数cm〜10cmぐらいが一般的で，そのときの共鳴周波数はおおよそ100〜200Hzあたりになります。

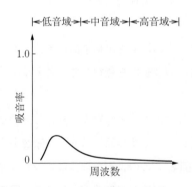

図5　板（膜）振動吸音材の吸音特性

　実際に建築の内装に吸音材を使用する際は，それぞれの吸音材の吸音のメカニズムと特徴を十分に理解し，適切に使用することが重要です。

参考文献

1) 日本建築学会編：建築設計資料集成 環境，丸善出版（2007）
2) 前川純一，森本政之，阪上公博：建築・環境音響学 第3版，共立出版（2011）
3) 日本建築学会 室内音響設計事例集出版企画検討WG：「吸音」から考える―音環境のディテール―，ディテール No.207 冬季号，pp.45-100，彰国社（2015）

（辻村壮平）

Q 22

音場の数値計算手法について教えてください

音場の予測に用いられるシミュレーションにはどのような手法があるのでしょうか。またその特徴を教えてください。

A

> ざっくり言うと…
> ●大きく幾何音響解析手法と波動音響解析手法の二種類がある
> ●幾何音響解析手法はエネルギーの伝搬を模擬する
> ●波動音響解析手法は波動方程式に基づいて音波を模擬する

音波の数値計算手法は大きく幾何音響理論に基づく手法と波動音響理論に基づく手法に分けられます。はじめに幾何音響理論に基づく手法を解説します。

幾何音響理論に基づく解析手法

幾何音響理論に基づく解析手法は，光の伝搬を幾何学的に考える幾何光学を音波の模擬に適用した手法です。音波の波動性を無視して，エネルギー伝搬を模擬します。

主な考え方は以下のとおりです。音波は均一な媒質内を直進し，壁や天井などの境界面では**鏡面反射**します（**図1**）。また境界面では壁面の**吸音率**（⇨Q21）に応じてエネルギーが失われます（**図2**）。このような理論に基づく音波のシミュレーション手法は，大きく分けると**音線法**と**虚像法**があります（**図3**）。

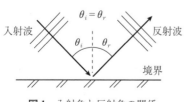

図1　入射角と反射角の関係

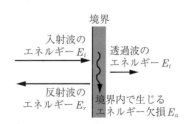

図2　境界でのエネルギーの取扱い

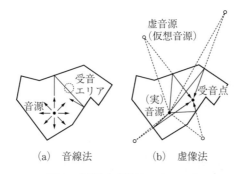

(a) 音線法　　　(b) 虚像法

図3 音線法と虚像法のイメージ

音線法とは，音源から多数の音線を発してそれらを追跡する手法です。受音点には音線を捉えるためのエリアを設けます。とても簡単な方法ですが，放射する音線の数が少ないと誤差が増えます。

虚像法とは，反射音が実音源とは別の音源から発せられていると考えて，この音源の位置と出力の大きさを求める手法です。この音源を虚音源，または仮想音源と呼びます。境界の素材がすべて鏡でできている部屋のなかに，音源の位置に光源をおいて，受音点の位置に内在することを想像しましょう。そのとき，受音点から見て鏡に映る光源すべてが虚音源です。虚音源の位置は，音源の見える方向に，受音点に到達するまでに経た距離だけ離れていると考えます。室形が複雑になるほど虚音源の位置の特定が難しくなります。

波動音響理論に基づく解析手法

さて次は**波動音響理論**に基づく解析手法です。偏微分方程式である**波動方程式**を基礎にします。代表的な手法として，**有限要素法**（finite element method：**FEM**），**境界要素法**（boundary element method：**BEM**），**有限差分法**（finite differential method：**FDM**）があります。各手法の特徴を**表1**に示します。

FEMは空間を有限の領域に分割し，要素間の変位や応力を連立させて解く手法です。波動方程式に重み関数をかけて積分した残差を最小化することにより，適切な解を得ようとする「重み付き残差法」を数学的な基礎としており，1950年代に構造力学の分野で考案され，コンピュータの発展とともに流体や振動解析の分野に応用されました。BEMはFEMと同様に重み付き残差法を

Q 22 音場の数値計算手法について教えてください

表1 代表的な波動音響理論に基づく手法とその特徴

	有限要素法（FEM）	境界要素法（BEM）	有限差分法（FDM）
領域分割	領域内部を任意の形状に分割	境界面を任意の形状に分割	領域を格子状かつ等間隔に分割
要素の特徴	複雑な形状にも対応可能。要素数は多い。	複雑な形状にも対応可能。要素数は少ない。また空間は閉じてなくてもよい。	正方格子で領域を細かく分割するため，階段状に近似した形になる。
計算の概要	全節点を重ね合わせた疎行列からなる連立方程式を解く（陰解法）。	全節点からの寄与を積分した密行列からなる連立方程式を解く（陰解法）。	全格子の音圧と粒子速度を差分方程式で逐次時間更新する（陽解法）。
特徴	振動する境界との連成問題を解くことに適している。	閉空間だけでなく開空間の音場解析にも適している。	進行波の音場を可視化することが容易。

出発点としますが，数学的操作を加え，「ある点の音圧は，境界を要素に分割した各点からの寄与の足し合わせである」ことを表す境界積分方程式を基礎とします。

　FDM は，波動方程式の基となる連続の式と運動方程式の微分項を差分に置き換え，逐次時間積分を行うことで，波動方程式の時間発展を計算していく方法です。現在は，音圧点と粒子速度（⇨Q08）点を半分ずらしたスタッガード格子と中心差分を用いた**時間領域有限差分**（finite difference time domain：**FDTD**）**法**が広く使われています。また近年では，波動方程式を移流方程式に変形して陽に解く **CIP**（constrained interpolation profile）**法**なども用いられています。

比　　較

　最後に波動音響理論に基づく手法と幾何音響理論に基づく手法を比較してみましょう。同じ音場を FDTD 法と音線法でシミュレーションした結果を**図4**に示します。波動音響数値解析は音波を正確に模擬するため，境界条件を正確に，かつ計算時の誤差を少なくするほど現実に近い解が得られます。絵画でた

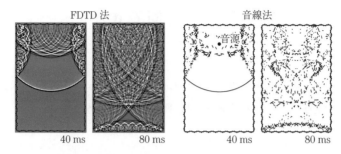

図4 FDTD法と音線法の比較。左図：FDTD法による計算結果。色が濃いほど音圧が高いことを表す。右図：音線法による計算結果。一つひとつの点が音のエネルギーを表す。

とえるなら写実主義的な作品にあたるでしょう。条件がそろえばとても強力な武器になりますが，コンサートホールなどの空間に伝搬する音波を解くには計算量が膨大になること，高精細かつ正確な境界面のインピーダンス情報が必要であることなど，まだ解決すべき問題があります。

一方，幾何音響理論に基づく手法は，潔く波動性を捨てていますが，到来するエネルギー，方向，時間，そして反射した壁面の履歴が情報として得られます。絵画でたとえるならば，線描きのドローイングといったところでしょうか。理論が簡単で計算量が少ないこと，原因となる壁面や天井などの部位を特定しやすいことから，コンサートホールの設計や騒音伝搬予測など，大規模問題に広く利用されています。

このように同じ音響シミュレーションでも，波動音響理論に基づく手法と幾何音響理論に基づく手法は基となる発想が異なります。自分が得たい情報と照らし合わせて，適切な手法を選択することが大切です。

参考文献

1) 大嶋拓也，石塚崇，大久保寛，鈴木久晴，星和磨：はじめての音響数値シミュレーションプログラミングガイド，コロナ社（2012）
2) 日本音響材料協会 編：〈特集〉されど幾何音響シミュレーション，音響技術，**34**, 1（2005）
3) 豊田政弘，編著：FDTD法で視る音の世界，コロナ社（2015）

（星　和磨）

Q 23

統計解析って何ですか？

実験データを統計解析しなさいと言われるのですが，統計解析ってどういうものなのでしょうか？ t 検定とか分散分析とかよくわかりません。

A

> ざっくり言うと…
> ● 母集団（全体）から選んだサンプルを用いて母集団を推定し差を分析
> ● 観測された差がどれくらい"まれ"なのかが判断の指標
> ●「差がない」ではなく「差があるとは言えない」

　私たちはいくつかのデータ群について，その両者に差があるかどうかを比べるといった場面に多く遭遇します。例えば，ある地域と別の地域でどちらの地域の中学生の成績がよいかといった比較や，ある病気を治療するための2種類の薬があって，どちらがより病気に効くのかといった比較を行うことは日常茶飯事です。このような場合に一番単純な方法は，比較したい条件の全データを集めて分析し比較する方法で，全数調査と呼ばれます。前者の例であれば，両方の地域のすべての中学生の成績の情報を集めることは不可能ではありません。しかし，とてつもない時間とコストがかかるのは容易に想像できます。一方，後者の例の場合，その病気にかかった人たちを二つのグループに分け，それぞれのグループに2種類の薬を別々に投与することになります。そのため，同じ人にそれぞれの薬を投与してそれぞれの薬の効き具合を調べるという本来全数調査で行わなくてはいけないデータの収集は不可能です。そもそも，その病気にかかった人を世界中すべてから集めてくるということ自体も非現実的です。そこで私たちは，比べたい条件に該当する全体（**母集団**）からある一定数のサンプル（**標本**）を選び出し，そのサンプル群を比較するといったことを行います。

では，集めた標本を分析することで得られた結果は必ず母集団の分析結果と一致することになるのでしょうか？　標本として，ある地域と別の地域のそれぞれに所属する中学生を一定数選ぶ際に，たまたま成績のよい中学生だけが選ばれたとすると，その分析結果は当然ながら本来の母集団から得られる結果と異なります。たいていは母集団の特性を反映した結果が得られるわけですが，ここで言いたいのは，標本群の性質は（母集団の性質に近いことが多いものの）選んできた標本群によってばらつくということです。そこで，この様々なばらつきを分布（**標本分布**と呼びます）として考え，母集団の特性を考える際には，得られた標本群にばらつきがあることを前提に分析を行います。したがって，このようなばらつきを持ったもの同士を比較する際には，観測された差がどのくらいの頻度で起こるのかを指標として比べることになります。例えば二つの地域での成績を比べる際に，「各地域からランダムに中学生を選び出して計算された成績の差の値は，成績の同じ地域同士でこの作業を100回繰り返して計算した場合にはたかだか5回しか出てこない（くらいまれである）」というように比較するのです。**統計解析**とは，このように確率的に分布する事象を比較する際に用いる分析手法です。

　二つのデータ群を比較する際に，「データ群AとBには差がある」ということを示したいことがほとんどかと思います。このような場合には，示したい仮説（**対立仮説**）に相反する仮説（**帰無仮説**：この場合「データ群AとBには差がない」）を立て，この帰無仮説のもとで，観測されるような差が得られる確率がどれくらいであるかを分析することになります。（多くの場合）採択されることが期待されていない（帰ってくることが無い）仮説なので帰無仮説と名付けられています。通常は，5％以下や1％以下でしか発生しない場合は「極めてまれにしか発生しないのだから帰無仮説は間違えている」と考えて帰無仮説を棄却して対立仮説を採択します。この5％，1％を**有意水準**と呼びます。このようにして仮説が正しいかどうかを確率的に調べることを検定と呼びます。

　このような分析を考えるうえでの一番基本的な分布が正規分布です。**図1**にいくつかの正規分布を示します。正規分布は**ガウス分布**とも呼ばれ，以下の式

Q 23 統計解析って何ですか？

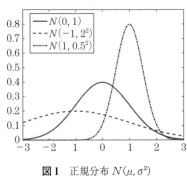

図1 正規分布 $N(\mu, \sigma^2)$　　図2 t 分布（dfは自由度）

で表されるなじみの深い分布です。

$$p(x) = \frac{1}{\sqrt{2\pi}\sigma} e^{-\frac{(x-\mu)^2}{2\sigma^2}}$$

平均値 μ と分散 σ^2 で形が決まり，自然現象や社会現象によく現れる非常に「きれい」で「素性」のよい分布です．人間も正規分布に従った判断をすることが多いことや，いくつかの分布はデータを大量に集めると正規分布に収束するということも知られています．多くの統計検定手法はこの正規分布の性質を基盤として成り立っています．

ここでは比較的よく行われる **t 検定** と分散分析の概略を説明します．

t 検定は先に示した成績比較のように平均値の差の検定で使います．ある正規分布に従う母集団から n_1 個の標本を抽出して求めた平均値 $\overline{X_1}$ と n_2 個の標本を抽出して求めた平均値 $\overline{X_2}$ の差は自由度と呼ばれる $(n_1 + n_2 - 2)$ に依存する確率分布である **t 分布**（図2）に従うことが知られています．そこで，$\overline{X_1}$ と $\overline{X_2}$ の差を t 分布に当てはめて「$\overline{X_1}$ と $\overline{X_2}$ の差が観測されるのは，100回中たかだか5回しかない（くらいまれである）」として，$\overline{X_1}$ と $\overline{X_2}$ の有意差を示します．

一方，分散分析はデータ全体のばらつき（変動）がどの要因によって引き起こされたのかを調べる際に使用します．図3にイメージで示すように，観測されたデータの変動を実験で操作したパラメータ（要因）によって引き起こされた変動に切り分け，その変動の大きさと最終的に切り分けられずに残った変動（誤差による変動）の大きさとを比較することになります．したがって，考慮できない変動はすべて誤差による変動として見なされるため，影響を及ぼすで

あろう要因を事前によく考えて全要因を統制（分離可能に）し，純粋に誤差の要因だけを抽出できるように実験計画を立てることが検定力をあげるうえで重要です．実際は，二つの正規分布のそれぞれから抽出した標本に対して計算された**不偏分散** U_1^2 と U_2^2 の比（**不偏分散比**）が F 分布に従うことから，分析対象の要因による変動と誤差による変動との不偏分散比を F 分布に当てはめて「ある要因による変動と誤差による変動の違いが観測されるのは，100回中たかだか5回しかない（くらいまれである）」として，各要因の有意差を示します．なお，分散分析では「その要因が有意に影響している」かしか分析できず，要因内のどこに差があるかを見るためには別の統計検定手法（**多重比較検定**）を行う必要があります．

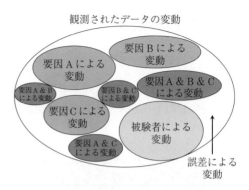

図3 分散分析のイメージ図

最後になりますが，聴覚心理学などの分野では統計検定は非常にパワフルな分析方法であるものの，あくまで「そのような状況が発生するのは極めてまれ」であるということに基づいて結論を導き出しているだけであり，その影響の大きさにはまったく触れていません．また逆に，「100回中5回以上発生する」からといって有意差が「ない」とも言うことができません．あくまで，有意差が「あるとは言えない」であり，帰無仮説が発生する確率が5％以上だったということをいっているにすぎないことを注意する必要があります．

参考文献

1) 近藤公久：有意差検定の仕組みから考える—平均と分散から再確認—，日本音響学会誌，**68**, 8, pp.397-402（2012）
2) 森敏昭，吉田寿夫：心理学のためのデータ解析テクニカルブック，北大路書房（1990）
3) 栗原伸一：入門 統計学—検定から多変量解析・実験計画法まで—，オーム社（2011）

（坂本修一）

Q24

主観評価についてやさしく教えてください

提案手法が従来手法より優れていることを主観評価で確認するように言われました。どのようなことに注意して実験を行えばよいのでしょうか。

A

> ざっくり言うと…
> ● 目的（何が知りたいのか）を明確に
> ● 目的に応じて適切な評価法やデータ解析法を選択
> ● 意図しない要因からの影響をできるだけ小さく

音響学における**主観評価**では，評価者に音刺激を聞かせ，何かしらの判断をしてもらいます。誰にどのような条件で，どのように音刺激を聞かせ，どのように判断してもらうのかで，確認できることが異なります。実験を始める前に，しっかりと計画を立てましょう。

図1は実験の手順を一例として示したものです。まず，提案法の優位性を示したいなど，実験の目的（何を知りたいのか）を明確にします。次に，実験計画を立てます。提案法と従来法の評価値の差が統計的に有意である（偶然ではなく，ほぼ間違いないと言える）など，目的に適う実験結果を考え，音刺激や評価尺度，評価法を決めます。実験後にデータが足りないという事態に陥らないように，データ解析法も決めておきます。予備実験を実施し，実験手順や評価者への教示，音刺激の品質などを確認します。実験条件が途中で変わらないように計画どおりに本実験を実施します。評価値を求めたら，データを解析し，仮説を検証します（統計解析（⇨Q23））。

実験計画では，変数を整理します（**図2**）。主観評価には，実験者（私たち研究をする人）が意図的に変化させる要因（独立変数）と評価者（実験内容を知らない一

```
問題の発生
目的の明確化
実験の計画
実験の準備
予備実験の実施
計画の修正
本実験の実施
評価値の算出
データの解析
報告書の作成
```

図1 実験の手順

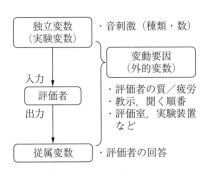

図2 実験の変数

表1 判断の種類

同一の判断	まったく何もかもが同じである
等価の判断	異なるものだが，ある意味では同等である
相違の判断	違いの有無，優劣の判定
順位の判断	複数刺激に対する順序を決める
程度の判断	決められた尺度に従って程度を決める

般の人）の回答（**従属変数**），実験者の意図とは別に評価結果に影響してしまう変動要因（**誤差**）があります。

　従属変数となる評価者の回答を得るために，目的に合った判断，評価尺度，評価法を決めます。評価者に求める判断には，**表1**のように，例えば，音色が異なる音刺激の音の大きさが同じであるかどうかを判断してもらう（等価），いくつかの音刺激から好ましいほうを選択してもらう（相違），複数の音刺激の順位を決めてもらう（順位），品質の良し悪しを1点から5点などの点数で回答してもらう（程度）などがあります。優劣を直接回答させても，品質を数値で回答させた結果から優劣を決めてもかまいません。ただし，判断は単純であるほうがその精度は高くなります。

　程度を回答させるときには尺度を用います（**表2**）。ただし，各音刺激に対

表2 尺度の種類

名義尺度	各対象に数詞や名詞を1対1に対応させたもの （背番号や音楽のジャンル） 各カテゴリが占める割合，モード，情報量など	
順序尺度	各対象の順位あるいは大小関係のみが保証されたもの （5件法：非常に良い，良い，普通，悪い，非常に悪い） 上記に加え，中央値，四分位偏差，順位相関係数など	大小
間隔尺度	各対象の間隔が数量的に扱える（加算・減算が可能） （摂氏温度や学力テストの得点など） 上記に加え，算術平均，標準偏差など	大小 間隔
比率尺度	各対象間の比が数量的に保証される（乗算・除算も可能） （絶対温度や重さ（肉1kgは500gの2倍重い））など） 同上	大小 間隔 比率

Q24 主観評価についてやさしく教えてください

する評価値の代表値を求めるときには注意が必要です。例えば、「1：赤，2：青，3：緑，…」という名義尺度で、「1：赤」と「3：緑」の回答数が同じだからといって、平均して「2：青」とすることに意味はありません。よく使われる順序尺度の「5：非常に良い－4：良い－3：普通－2：悪い－1：非常に悪い」ですが、「4：良い」は「3：普通」と「5：非常に良い」の間にあっても、ちょうど中間にあるという保証はありません。中央値を用いたり、等間隔とみなして平均を求めるために、評価者に等間隔と思って回答するように指示したり、同一刺激で生じる感覚は正規分布に従うなどの仮定のもと、間隔尺度に変換したりするとよいでしょう。

```
心理物理学的測定法
  聴覚特性を測定（聞こえるか，差がわかるかなど）
  ・調整法（被験者が自由に調整）
  ・極限法（段階的に特徴を変化）
  ・恒常法（刺激をランダムに提示）

尺度構成法
  印象や好みを測定
  直接法
    ・マグニチュード推定法（音の大きさを比例尺度で回答）
  間接法
    ・二者択一法（2刺激の優劣）
    ・一対比較法（N個から2刺激を選んで優劣を判断）
    ・シェッフェの一対比較法（優劣の程度を判断）
    ・順位法（複数刺激の順序を判断）
    ・評定尺度法（程度を数値で判断）
    ・SD（semantic differential）法（複数の尺度で判断）
```

図3 評価法の一例

図3は評価法の一例です。聴覚特性などを調べるときに用いられる**心理物理学的測定法**については，閾値（⇨Q39）を参考にしてください。音の印象や好みなどを測定する評価法には**尺度構成法**を使います。この評価法の選定には，刺激の数や違いのわかりやすさなども考慮します。差がわかりにくい場合は，**一対比較法**のように刺激A，Bを比較させ，どちらの品質が良いのかを判断させます（**シェッフェの一対比較法**では程度を回答）。AAC（MPEG-4 advanced audio coding）やMP3（MPEG-1 audio layer-3）などの圧縮符号化音の評価では，CDの音などの圧縮する前の基準音と刺激A，Bの三刺激を提示することもあります。一対比較法は刺激数が多いと組合せの数だけ実験時間が長くなるのが短所です。差がわかりやすい音刺激であれば，各音刺激に対して「総合品質」や「明るい－暗い」などの印象の程度を回答してもらいます。

独立変数の値となる音刺激のパラメータは，実験者が調整します。音刺激による評価値の変化は，意図しない要因による誤差よりも大きくないといけませ

ん．違いがわかりやすい音源を選びます．評価者の疲労も考え，刺激の数は必要最小限に留めます．特に刺激の差が小さく一対比較法を用いる場合には，先行刺激を正しく記憶でき，聞きどころが全評価者で同じになるように刺激の長さを短くします（10秒程度）．信号形式や再生装置，評価室が必要な仕様を満たし，意図どおりの音刺激になっていることを確認します．実験の精度を高めるためには，意図しない要因による誤差をできるだけ小さくすることが重要です．刺激の提示順や教示，評価者の質などをできるだけ統制します．実験の手順や実験装置，評価室などの実験条件はすべての評価者，音刺激で同じにします．教示や質問紙は，内容が正しく伝わるように一般的な言葉を用い，紙に印刷して読み上げます．刺激や評価項目の提示順など，同じ条件にできないものは統計的に順序による誤差を減らすために，評価者間でなるべく順不同にし，逆順でも実施します．また，雑念が入らないように，正確に回答できる範囲で素早く直感で回答させます．その他，できるだけ変動要因を排除します．例えば，音像の位置を回答させるときには，目隠しをする，スピーカを隠す，ダミーのスピーカを並べるなど，視覚の影響を排除します．また，評価者の個性による誤差も生じます．評価者が少ないと音刺激による変化が誤差に埋もれてしまい，評価者が多すぎると本来有意ではない差を有意であると結論付ける危険性が増すため，20名程度が良いとされています．評価者の聴力が正常であることは前提ですが，符号化音の評価など難易度が高い実験には，類似実験に参加したことがある経験者，予備実験などで的確に刺激を区別できた評価者，安定した判断を下せる熟練者などを選抜します．正しく評価する能力があっても，疲れていたり，やる気を失ったりしては回答の精度が低くなります．適度に休憩時間を設け，体を動かすなどのリフレッシュ手段も考えましょう（実験時間は15～30分以内）．

参考文献

1) 難波精一郎，桑野園子：音の評価のための心理学的測定法，コロナ社（1998）
2) 日科技連官能検査委員会 編：新版 官能検査ハンドブック，日科技連出版社（1973）
3) 大山正，今井省吾，和気典二 編：新編 感覚・知覚 心理学ハンドブック，誠信書房（1994）

（大出訓史）

Q 25

音響特徴量って何ですか？

音響特徴量とはいったいどのようなものなのでしょうか。どのように利用されるのでしょうか。

A

> ざっくり言うと…
> ● 音を様々な基準で数値化したもの
> ● 研究分野，研究目的，研究対象で様々な種類がある
> ● 物理的な視点に由来するものとヒト由来のものがある

音響特徴量とは，音に含まれる特徴を様々な基準で数値化したもの，もしくは数値化するための基準です。一口に音響特徴量と言っても，様々な種類があります。例えば，**基本周波数**，**フォルマント**周波数，スペクトル重心，スペクトル傾斜，**音圧レベル**，**残響時間**，…といったものです。簡単なものをいくつか挙げましたが，その種類はここですべてを挙げることはできないほどに多くなります。これは，研究分野や研究の目的によって利用する音響特徴量が異なるためです。目的のために音を色々な角度から分析し，ある音響特徴量から別の音響特徴量を計算するなどして，これまでにない音響特徴量を使って研究を進めることも珍しいことではありません。

ヒトが音を評価する場合，それは感覚量や心理量であるために主観的なものになります。それに対して，音響特徴量はある基準を元に物理現象を数値化した物理量であるため，客観的なものになります（**図1**）。例えば，ヒトが知覚する音の高さや大きさ（⇨Q36）は，それを聴く環境やタイミング，個人によって，変動してしまいます。一方，これらの知覚に関係した物理量である，基本周波数や音圧は○○ Hz や音圧レベル○○ dB と数値化した表現が可能になります。周波数は1秒間に何周期かという物理的な量，音圧は圧力の変化量と

Q 25 音響特徴量って何ですか？

図1 ヒトの評価と音響特徴量

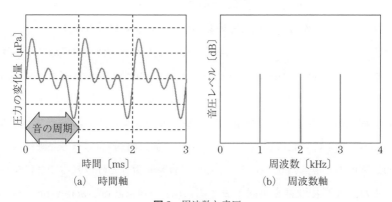

図2 周波数と音圧

いう物理的な量です（**図2**）。音圧を表現する場合によく用いられる音圧レベルは，**実効音圧**と**基準音圧**の比から計算される量ですが，この基準音圧にはヒトがギリギリ聴き取ることのできる音圧である 20 μPa が使われています。基準にするものが変わると数値が変わってしまいますが，基準にしたものがわかっていれば大元の物理量と関連付けることができるので問題ありません。このような基準は研究分野に応じて数値が使いやすくなるよう変化していきます。例えば，音圧レベルには，ヒトの**聴覚閾値**（⇨Q39）を参考にし，各周波数をヒトが同じ大きさに感じられる音圧（A 特性）で補正した騒音レベル（⇨Q15）という基準もあります。

音響特徴量には，似た意味をもつ言葉が多くあります。例えば，音響的特

Q25 音響特徴量って何ですか？

徴，音響特徴，音響的手がかり，音響的キュー，**音響キュー**等です。言葉どおりの意味を考えると，音響特徴量はある音響的な特徴の量を示すものです。音はそもそも物理現象ですから，物理的な特徴量としてMKS単位系（メートル，キログラム，秒）で表現可能であったり，MKS単位系と関連付けられたりする音響特徴量が多くあります。この場合，ある音響特徴について解析すると，その量として〇〇Hzといった形で音響特徴量が得られます。

しかし，音の解析が複雑になると物理的な特徴の量を求めるのではなく，ある基準の中で特徴を探すことになる場合があり，単位をもたない係数が特徴になったり，いくつかの特徴の関係自体が特徴になったりします。そのため，量を計算しているのか特徴を探しているのかがあいまいになります。

音響キューや手がかりという言葉は，そもそもヒトが何らかの形でその特徴を利用している場合に使われることが多く，ヒト由来の特徴と言えます。例えば，ヒトの音声の知覚（⇨Q35）のうち**母音**の知覚は，主にフォルマントと呼ばれる周波数上のピークを利用していることがよく知られています（**図3**）。そのため，ヒトの知覚の視点に立って考える場合に音響キュー等と呼ばれ，物理的に解析する視点に立って考える場合に音響特徴等と呼ばれることになります。また，音響特徴量を英語で表す際には，acoustic characteristic, acoustic feature, acoustic cue 等が使われます。量なので value 等がつくように思えますが，あまりそのような表記で使われることはありません。このように，音響特徴量は他の言葉とあまり区別されずに使われているのが現状です。使用者に

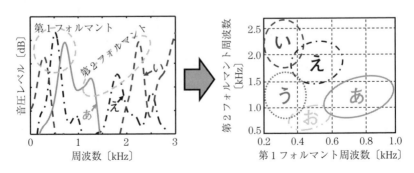

図3　フォルマント

よって様々な形で音響特徴量が使われているため，音響特徴量という言葉は量だけでなく，特徴そのものや，特性までを含んだ広い意味でも使われていることがあります。

　音響特徴量を得るために，例えば音圧レベルを計測するためには，**騒音計**（⇨Q15）等が用いられます。このとき，正しい物理量を得るためには，測定器の**校正**（⇨Q16）を行う必要があります。計測された音の周波数上の音響特徴量を得るためには，**フーリエ変換**（⇨Q03）がよく用いられます。そして，異なるスペクトル帯の変化の度合の情報を見つけるためにケプストラム（⇨Q26）や**メルケプストラム**（⇨Q27）が利用されます。メルケプストラムは，ヒトの心理的な音の高さの知覚特性を基準とし，対数軸で表現されるメル周波数が用いられています。この他にもヒトの知覚を参考にした周波数軸の基準には，ヒトの**聴覚フィルタ**（⇨Q38）に基づいた**バーク尺度**や**ERB 尺度**があり，それぞれ若干異なる目的で音響特徴量の算出に利用されます。

　フォルマントやケプストラムは，**音声認識**（⇨Q28）や**音声合成**（⇨Q33, Q34）によく利用されます。また，部屋や建物の評価に用いられる空間上の音響特徴量には，残響時間（⇨Q20）や**音響エネルギーレベル**（⇨Q18）といったものがあります。空間上の音響特徴量の中でも，複数のマイクロフォンから得られる時間差や音圧差といった音響特徴量は，**音源分離**（⇨Q10）や**音源位置推定**（⇨Q11）に利用されますし，ヒトも二つの耳で時間差や音圧差を算出し音の立体的な知覚（⇨Q37）に役立てています。また，コウモリやイルカは自身が出した音とその反射音の時間差等から周囲を立体的に把握しています（⇨Q41）。このように，様々な基準で得られた音響特徴量は，様々な場面で利用されています。

参考文献

1) 鈴木陽一，赤木正人，伊藤彰則，佐藤洋，苣木禎史，中村健太郎：音響学入門，コロナ社（2011）
2) 平原達也，蘆原郁，小澤賢司，宮坂榮一：音と人間，コロナ社（2013）
3) 日本音響学会 編：新版 音響用語辞典，コロナ社（2003）

（森川大輔）

Q26

ケプストラムについてやさしく教えてください

音声処理などで使われるケプストラム分析ですが，周波数領域で表現される音声信号のパワースペクトルを対数を取ってもう一回フーリエ変換ってどういうことなのでしょうか．ケプストラム分析の目的と意味を教えてください．

A

> ざっくり言うと…
> - 目的：声帯振動成分と声道成分を分けたい
> - 時間領域の畳み込み→周波数領域の掛け算→対数周波数領域の足し算
> - 対数パワースペクトルを時間信号だと思ってフーリエ変換!!

ケプストラム分析の目的を説明するために，**図1**に音声生成の仕組み（⇒Q33）とケプストラム分析の目的を示します．音声は，**声帯**を振動させてその音波が声道（口の中）を通ることによって生成されます．喉に手を当てて，「あいうえお」というと，**声道**（口）の形を変えながら発声していることがわかります．音声分野でのケプストラム分析の目的は，複雑な音声波形か

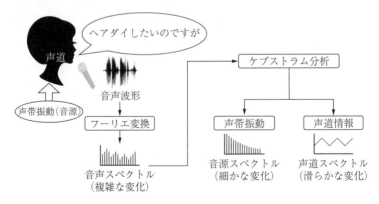

図1 音声生成の仕組みとケプストラム分析の目的

Q 26 ケプストラムについてやさしく教えてください

ら，「声帯の振動成分と声道成分を分ける」ことに使われます．信号処理的に考えた場合，音声発生のメカニズムは，声帯振動の音源が声道というフィルタを通過して音声が生成されることになり，**図2**のように，声帯振動と音源**声道フィルタ**との「畳み込み演算（⇨Q02）」となります．畳み込みされた信号を元の音源信号とフィルタとに戻すのは非常に難しいのですが，「大雑把には」実は分けることができます．ポイントは，図1に示すように，「声帯振動は周波数特性が複雑であるのに対して，声道フィルタは周波数特性が滑らかである」（※），ということです．このような場合の**畳み込み演算**は，ケプストラム分析によって分離することができます．

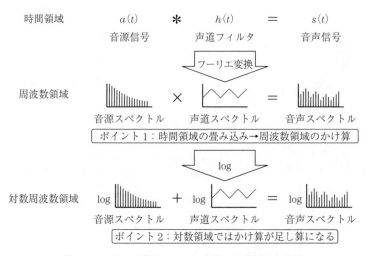

図2 畳み込み演算とフーリエ変換，対数領域の関係

時間領域の畳み込みは，図2のように**フーリエ変換**（⇨Q03）して周波数領域に変換すると掛け算となり，さらに対数を取ると足し算となります．**図3**に，音声「あ」をケプストラム分析するための処理を示します．さて，ここが最大のポイントですが，「もし対数**パワースペクトル**が時間信号だったら…」（☆），※の特性と，両者が足し算になっていることを考えると，声帯振動はスペクトル変化が細かい，つまり☆においては高周波数成分となり，逆に，声道スペクトルは変化が滑らか，つまり☆においては低周波数成分，と考えること

Q 26 ケプストラムについてやさしく教えてください

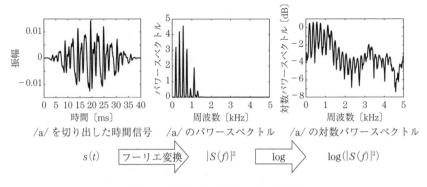

図3 ケプストラム分析のための前処理

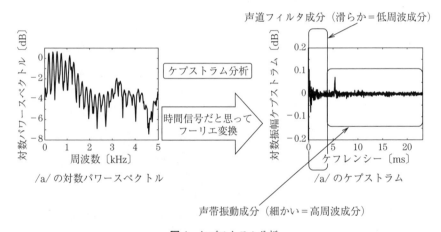

図4 ケプストラム分析

ができます。これらは，まさに「フーリエ変換」で分離できます。つまり，ケプストラム分析とは，図4のように，「対数パワースペクトルを時間信号だと思ってフーリエ変換する」ことです。そこで得られた係数がケプストラムであり，図4（右）のように，そのうちの次数が小さいほう（＝低周波数成分＝変化が滑らか）が声道フィルタ，大きいほう（＝高周波数成分＝変化が複雑）が声帯振動，となります。実際に分離するには，図5（左）のようにそれぞれを0詰めして逆フーリエ変換でパワースペクトルを元に戻します。最後に対数スケールからリニアスケールに戻すと，図6のように分離したスペクトル

Q 26 ケプストラムについてやさしく教えてください

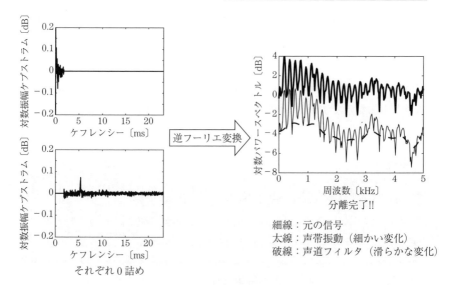

細線：元の信号
太線：声帯振動（細かい変化）
破線：声道フィルタ（滑らかな変化）

図5 実際の分離方法

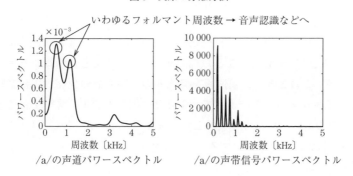

いわゆるフォルマント周波数 → 音声認識などへ

/a/の声道パワースペクトル　　/a/の声帯信号パワースペクトル

図6 分離後のパワースペクトル

がそれぞれ得られます．

なお，「ケプストラム」って変な名前ですが，「スペクトル」をもじったネーミングになっており，図4や図5のケプストラムの横軸は周波数（フリクエンシー）をもじって「**ケフレンシー**」と呼びます．

参考文献

1) 鏡慎吾：やる夫で学ぶディジタル信号処理（2016年7月現在）
http://www.ic.is.tohoku.ac.jp/~swk/lecture/yaruodsp/main.html

（岡本拓磨）

Q 27

MFCCとメルケプストラムの違いは何ですか？

MFCC（メル周波数ケプストラム係数）とメルケプストラムって名前が似ているけど別物なのですか？　どのような場合に使い分けるのでしょうか？

A

> ざっくり言うと…
> ● MFCCは音声認識や話者識別に使用
> ●メルケプストラムは音声合成や声質変換に使用
> ●メルケプストラムの使用目的は音声波形の再現

音声は何を話しているかを表す**音韻情報**と，どのように話しているかという**韻律情報**をもっています．音韻情報とは，/a/や/k/といった音素などの話者の口の形や唇，舌の位置から決まる情報のことです．一方で韻律情報は，声帯振動によって決まるピッチ情報やパワー，リズムを含みます．音声認識や音声合成では，HMM（⇨Q29）などの統計モデルによって音韻情報をモデル化していますが，このとき，音韻情報を低次元の（要素数の少ない）音響特徴量（⇨Q25）で表現することによって，より効率的にモデルを構築することができます．この低次元の音響特徴量として使用されるのがMFCC（メル周波数ケプストラム係数）やメルケプストラムです．

ケプストラム

さて，MFCCとメルケプストラムには「メル」と「ケプストラム」という共通の単語が含まれています．**ケプストラム**分析（⇨Q26）は，周波数領域で音韻情報と韻律情報を分離するための手法で，その流れは**図1**のようになります．音声波形に窓（⇨Q05）を掛け**フーリエ変換**（⇨Q03）し，得られた**パワースペクトル**の対数を取ります（図1（b））．さらに対数パワースペクトルの**逆フーリエ変換**をしたものがケプストラムと呼ばれるものです（図1（c））．ここで，ケプストラムの低次元部分をフーリエ変換するとスペクトルの大まかな形状を表すスペクトル包絡を，高次元部分をフーリエ変換すると基本周波数に基づくスペクトル微細構造を，それぞれ得ることができます．スペクトル包

Q 27 MFCC とメルケプストラムの違いは何ですか？

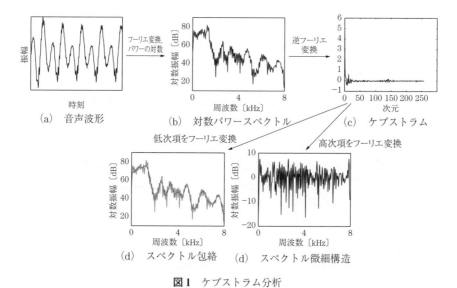

図1 ケプストラム分析

絡は音韻情報を，スペクトル微細構造は**ピッチ**情報をそれぞれ表しているので，ケプストラム分析によって音韻情報と韻律情報を分離できていることがわかります．

メル尺度

人間の聴覚は周波数によって聞こえ方が変わります．例えば，低い周波数の音であれば少し周波数が変わるだけでも音の高さの違いを聞き分けることが可能ですが，高い音になると周波数が少し変わっただけではほとんど聞き分けることができないといった特徴があります．この特徴から実際の周波数と聴覚上の周波数の関係を実験的に求めたものに**メル尺度**という尺度があり，**図2**のような曲線で表されます．音声認識や音声合成では，スペクトルのうち低周波数帯の情報が重要であると想定し，低周波数帯を重視した特徴量を得るために，メル尺度を使用します．

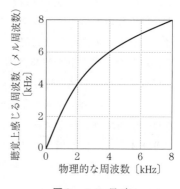

図2 メル尺度

Q 27　MFCC とメルケプストラムの違いは何ですか？

MFCC（メル周波数ケプストラム係数）

MFCC（mel-frequency cepstral coefficients）は，ケプストラムそのものではなく，ケプストラムと同じ**ケフレンシー**領域に定義される低次元のスペクトル情報です。MFCC を求めるには，まずメルフィルタバンクと呼ばれる，周波数帯域ごとのフィルタを定義します（**図3**（a））。このフィルタはメル尺度に従って低周波数帯では細かく，高周波数帯では粗くなるように定義します。対数パワースペクトルに対して，メルフィルタバンクを掛けるとスペクトルを低次元で表した概形が得られます（図3（b））。さらにこれを**離散コサイン変換**することでケフレンシー領域に変換します。このようにして得られた低次元特徴量を MFCC と呼びます。

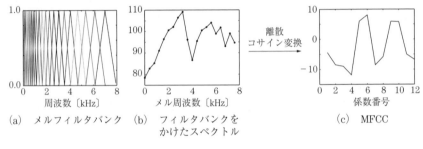

図3　MFCC の抽出

メルケプストラム

図1のケプストラムはスペクトルの包絡をうまく表しているように見えますが，このケプストラムから話者の声を合成しようとすると，必ずしも自然な音声が得られるわけではありません。その理由として，望ましいスペクトル包絡はスペクトルの山の頂上周辺を通過するものであるのに対し，ケプストラムから再現したスペクトル包絡は山の中腹部分を通過してしまっているためです。この差分をバイアスと呼び，このバイアスを最少にするように修正したケプストラム分析を**不偏ケプストラム分析**と呼びます。**図4**に示すように不偏ケプストラム分析で推定したスペクトル包絡は山の頂上周辺を通過していることがわかります。さらに不偏ケプストラム分析の際に，周波数軸をメル尺度に変換したものをメルケプストラム分析と呼び，得られた係数を**メルケプストラム**（mel-cepstrum）と呼びます。メルケプストラムを使用することで，不偏ケプストラムに比べ，人間の聴覚が敏感に違いを感じ取れる低周波数帯のスペクト

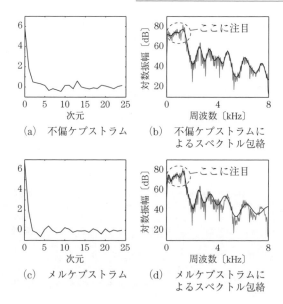

図 4 不偏ケプストラム分析とメルケプストラム分析

ル包絡をより細かく表現することができます。また，次元数を小さくすることができるのもメルケプストラムのメリットの一つです。

メルケプストラムと MFCC の比較

メルケプストラムは MFCC と異なり，スペクトル包絡の再現が可能であるだけでなく，MLSA（メル対数スペクトル近似）フィルタと呼ばれるフィルタによって音声波形を直接合成することもできます。そのため，メルケプストラムは音声合成や声質変換に適した特徴量であると言えます。一方で，メルケプストラム分析は特徴量の推定にフーリエ変換を繰返し行うため，リアルタイム処理には向いていません。そのため，音声を入力とする音声認識では，高速に特徴量を抽出できる MFCC が広く使用されています。

参考文献

1) 今井聖：音声信号処理—音声の性質と聴覚の特性を考慮した信号処理，森北出版（1996，2005）
2) 小林隆夫：音声のケプストラム分析，メルケプストラム分析，電子情報通信学会技術研究報告，SP-98（263），pp.33-40（1998）

（郡山知樹）

Q 28

音声認識の概要について教えてください

音声認識って，信号処理や言語処理，機械学習など，いろいろな要素技術が含まれていて複雑だし，教科書の説明も数式ばかりなので，仕組みがスッと入ってきません。数式なしでイメージを教えてください。

A

> ざっくり言うと…
> ●音声認識：音の知識と言葉の知識を駆使したパズル
> ●音の知識：入力信号がどんな音であるかを測る
> ●言葉の知識：音の並びが言葉として自然かどうかを測る

音声認識をイメージするには？

音声認識をかみ砕いて表現しますと，「コンピュータが，自身の脳の中にある音の知識と言語の知識を駆使して，**音声を自動でテキスト化する技術**」と言えます。「脳の中にある知識」と表現すると，コンピュータがまるで人間であるかのように感じるかもしれませんが，音声認識の概要をつかむにはそのイメージが非常に重要です。まずは，コンピュータが使う二種類の知識が具体的にどのようなイメージであるかを説明します。

「音の知識」のイメージ　　音の知識は，「あ」という音はこのような波形，「サッカー」という音はこのような波形，といった音ごとの波形情報の知識をイメージするとよいです。人間は，「あ」という音を聞いたら「これは"あ"という音だな」ってわかりますよね。これは，「あ」という音がどのような波形であるかの知識を人間がもっているからです。

「言葉の知識」のイメージ　　言葉の知識は，文字や単語の並びが自然かどうかを判断するための知識です。人間は，「夕御飯に焼き肉を食べました」「夕御飯にサッカーを食べました」という二つの文を見ると，前者が自然な文で後

者がちょっとおかしい文であることがわかります。これは，焼き肉が食べ物で，サッカーが食べ物ではないという言葉の知識を人間がもっているからです。

音声認識のやり方はパズルを解くことと同じ

次に，二つの知識を使って音声認識を行う流れを，**図1**を用いて，パズルを解くことをイメージしながら説明します。

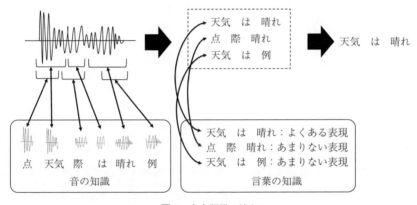

図1 音声認識の流れ

では，入力音声というパズルの型が目の前にあることをイメージしてください。まずはこの入力音声波形に対して，ある程度の区間ごとに音の知識と照らし合わる作業を行うことで，テキスト系列としてありえそうな候補をいくつか作成してみます。

図1の例では，「天気は晴れ」「点際晴れ」「天気は例」の三つの候補を作成しています。この行程は，パズルの型に対して，各パーツの形を元に当てはめのパターンをいくつか考えるイメージです。この行程が終わったら，次に言葉の知識を使って各テキスト系列の候補が自然かどうかの判断基準を加えます。

この行程は，パズルを当てはめてみた後に，パズルの絵柄についても，周辺の絵柄と整合しているかを確認するイメージです。このように，音の知識をパ

Q.28 音声認識の概要について教えてください

ズルの形による判断,言葉の知識をパズルの絵柄による判断と考えれば,音声認識はパズルと同様のイメージをもつことができます。

音声認識の難しさと「モデル」の存在

さて,ここまでの話だと,音声認識は簡単であると感じるかもしれません。ここからは「音の知識と言葉の知識を駆使して音声をテキスト化する」ことの難しさを考えながら,さらにイメージを深めていきます。

難しさを理解するには,コンピュータがどのように知識を学び,どのように知識を駆使するかをイメージする必要があります。人間も同様ですが,コンピュータが知識を学ぶ際に重要となることは次の2点です。

- 学びの量:どの程度たくさんの知識を覚えておくかが重要となります。人間も勉強量に伴い,知識が増えていきますね。
- 学びの質:どのように知識を覚えておくかが重要となります。人間も,教科書を丸暗記するよりは,要点をまとめながら覚えたほうが,幅広く知識を利用できますね。

コンピュータが学んだ知識は,通常「モデル」と呼ばれます。音声認識においては,音の知識が**音響モデル**,言葉の知識が**言語モデル**と呼ばれています。では,両者のモデルについて,学びの量と学びの質という観点をもちながらイメージを膨らませていきます。

「**音響モデル」のイメージ** 音響モデルにおける学びの量は,様々な波形のパターンを覚えることを意味します。一つの単語でも,男声と女声では波形が異なりますし,静かな場所と雑音下では波形が異なるので,様々なパターンを覚えておくことは重要です。

次に音響モデルにおける学びの質です。コンピュータにとって,波形は見分けが付きにくい情報です。そこで波形よりも見分けやすい単位で覚えることで学びの質を高める必要があります。そのために重要となるのが,**音響特徴量**(⇨Q25)です。特に音声認識の場合は**ケプストラム**(⇨Q26)という音響特徴量を使うことで学びの質を高めています。

また，音響特徴量を覚える際も，様々な音声パターンを丸暗記することは非現実的なので，効率的に覚えなければなりません。そこで，**GMM**（⇨Q30）を用いることで確率分布として音響特徴量を覚えておき，**HMM**（⇨Q29）を用いることで音ごとの時間長の異なりを効率的に覚えておきます。また，単語や文を単位として波形を覚えるのは大変なので，**音素**という単位で覚えておきます。

　「言語モデル」のイメージ　　言語モデルでは，様々な文に対して，言葉が自然かどうかを判断できるようになることが重要です。そのためには学びの量が非常に重要で，たくさんの単語，たくさんの文を覚え，知らない言葉を少なくすることが重要です。

　また，言葉の自然さを覚えておく場合，文を単位に覚えておくと，「夕御飯は焼き肉を食べました」を知っていたとしても，「夕御飯はすきやきを食べました」を知らなかったら，この文が自然かどうかを判断できません。そこで言語モデルでは，単語や文字という単位を最小単位として言葉の自然さを捉えます。

　さらに，学びの質を高めるために，単語の三つ組を一つの単位として自然さを覚えておきます。これにより，文としては知らない言葉でも，単語間の繋がりを考慮しながら自然かどうかを判断することができます。

　さらに学ぶには

　音声認識についてさらにイメージをつかみたい場合は，まずは文献1）を読むとよいと思います。また，数式を追いながら全体像をつかむならば文献2），代表的なツールを試しながら学びたい場合は文献3）を読むことをお勧めします。

参考文献

1) 荒木雅弘：イラストで学ぶ音声認識，講談社（2015）
2) 鹿野清宏，伊藤克亘，河原達也，武田一哉，山本幹雄：音声認識システム，オーム社（2001）
3) 荒木雅弘：フリーソフトでつくる音声認識システム，森北出版（2007）

〈増村　亮〉

Q 29

HMMについてやさしく教えてください

隠れマルコフモデル（HMM）とは何なのでしょうか。どのように音声認識に応用されているのでしょうか。

A

> ざっくり言うと…
> ●時系列を扱う確率モデルの一種
> ●状態は直接観測できず隠されている
> ●音声認識では音響モデルとして利用されている

隠れマルコフモデル（HMM）は時系列データに対する確率分布で，**音声信号**のモデル化をはじめ，株価や遺伝子の分析等に幅広く使用されています。名前にあるとおり，「隠された」「マルコフモデル」を扱います。マルコフモデルは時系列に対する確率モデルで，ある時刻の状態が決まるとその次の時刻にどの状態に遷移するかを表す**確率分布**が過去の経歴と独立に決まるものです。マルコフモデルの状態は，一般には**離散値**の場合も**連続値**の場合もありますが，HMMが扱うのは有限個の離散状態です。

図1に，二つの状態をもつマルコフモデルの例を示します。図では状態をノード（○印）で，状態の遷移を有向枝（矢印）で表しています。状態は名前を付けて表すことにして，ここでは二つの状態をそれぞれ S_1, S_2 としています。もしこのマルコフモデルの状態が，Aさんが今日のランチで何を選んだかを

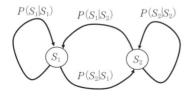

状態遷移確率

$P(s'\|s)$	$s' = S_1$	$s' = S_2$
$s = S_1$	0.8	0.2
$s = S_2$	0.3	0.7

図1 マルコフモデル

表している（S_1：カレーを選んだ状態，S_2：スパゲティを選んだ状態）とすると，明日のランチで何を食べるかは今日何を食べたかのみに依存した確率により決まることになります．例えば，今日スパゲティを選んだ（S_2）のであれば，明日カレーを選んで状態S_1に遷移する確率は0.3で，これは昨日以前にどちらのメニューを選んだのかには依存しません．有限個の離散状態をもつマルコフモデルは，単語列のモデル化等では特に **N-gram モデル** と呼ばれて利用されています．

HMMは，有限個の離散状態をもつマルコフモデルにおいて状態が外部からは直接観察できずに隠されているとしたモデルです．その代わりに，各時点においてその時の状態に応じて決まる確率分布（**状態出力確率**）に従い観測可能な手掛かり（特徴量）が出力されます．次の時点の状態の確率分布が現在の状態のみに依存して決まることはマルコフモデルと同じですが，外部から状態を知ろうとしたら観測した特徴量から推測するしかありません．特徴量としては，離散的な値を考えることも，連続的な値を考えることもあります．これらを区別する際は，前者を離散HMM，後者を連続HMMと呼びます．

図2に，Aさんのランチの選択を表すHMMの例を示します．Aさんはいつも一人でカフェテリアに出かけてランチを食べるので，オフィスにいるBさんにはAさんがその日カレーを食べたのかスパゲティを食べたのか，直接はわかりません．しかし，Aさんがオフィスに戻った後コーヒーを飲むか紅茶を飲むかの選択の確率が，Aさんがその日カレーを食べたかスパゲティを食べたかに依存することはわかっています．この確率をHMMでは，各状態に割り当

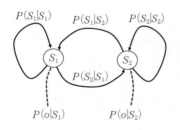

状態遷移確率

$P(s'\|s)$	$s' = S_1$	$s' = S_2$
$s = S_1$	0.8	0.2
$s = S_2$	0.3	0.7

状態出力確率

$P(o\|S)$	$o = 0$	$o = 1$
S_1	0.7	0.3
S_2	0.2	0.8

図2 隠れマルコフモデル（HMM）

Q 29 HMM についてやさしく教えてください

てられた状態出力確率として表現します.この場合の特徴量は食後のドリンクの種類 o で,図2ではコーヒーを0,紅茶を1に対応させて表現しています.

さて,月曜日については,A さんはカレーを食べることに決めています.また今週 B さんは A さんが火曜日に紅茶,水曜日に紅茶,木曜日にコーヒー,金曜日にコーヒーを飲んだことを目撃して知っています.このとき B さんの関心は,A さんのこの一週間のランチメニューの系列として可能性が一番高いものは何であるか,A さんの一週間のドリンクの選択がそのようであることはどのくらいよくあることなのか,ということです.これらは式で書くと,前者は $\mathrm{argmax}_H P(H|O)$,後者は $P(O)$ と書けます.ここで,H をランチに対応した HMM 状態の系列,O を特徴量の系列としています.注意点として,今日のランチで何を食べたかの確率は今日のドリンクと昨日のランチのどちらにも依存するので,曜日ごとに独立してドリンクの選択からランチの種類を推測するのは正しくありません.これらの確率の定量的な評価は,時系列全体を考慮して行う必要があります.

音声認識への応用では,例えば HMM 状態を音素に対応させ,特徴量として MFCC などの音響特徴量を用いれば,簡単な**音素認識器**を構成できます.**図3** は日本語の**母音**を認識する HMM の例です.任意長の入力に対して母音の連鎖を認識できます.実用的な音声認識システムではより詳細で大規模な HMM が音響モデルとして用いられていますが,原理は同じです.

数学的には,HMM は以下の構成要素の組として定義され,任意の長さ T の特徴量系列 $O = \langle o_1, o_2, \cdots, o_T \rangle$ および状態系列 $H = \langle s_1, s_2, \cdots, s_T \rangle$ に対して式

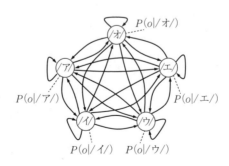

図3 母音を認識する HMM の例

（1）で示される同時確率 $P(O, H)$ を与えます．
1. 出力特徴量（離散値または連続値）$o \in \{1, 2, \cdots, n\}$ or $o \in R^d$，n：離散シンボルの種類数，d：ベクトルの次元数
2. 状態集合 $S = \{1, 2, \cdots, m\}$，m：状態の数
3. 初期状態分布 $P_0(s)$，$s \in S$
4. 状態遷移確率 $P(s'|s)$，$s, s' \in S$
5. 出力確率 $P(o|s)$，$s \in S$

$$P(O, H) = P_0(s_1)P(o_1|s_1)\prod_{t=2}^{T} P(s_t|s_{t-1})P(o_t|s_t) \tag{1}$$

HMM を用いた確率推論では，先の A さんのランチの例で見たように，$P(O)$ や $\mathrm{argmax}_H P(H|O)$ の計算が必要になります．$P(O)$ は，H に関して和をとることで同時確率 $P(H, O)$ から $P(O) = \sum_H P(O, H)$ として求められます．同様に，$\mathrm{argmax}_H P(H|O)$ についてもベイズの定理を用いることで，同時確率 $P(O, H)$ から $\mathrm{argmax}_H P(H|O) = \mathrm{argmax}_H \dfrac{P(O, H)}{P(O)} = \mathrm{argmax}_H P(O, H)$ として求めることができます．

HMM の状態は有限個なので，これらの和や最大化の計算は原理的には常に可能です．ただし，状態系列 H の種類数は系列の長さに対して指数的に増えるため，問題のサイズが少し大きくなるとすべての状態系列を列挙することは実質的には不可能になってしまいます．幸いこの問題は計算方法の工夫により回避することができ，高速な計算が可能なことが HMM の利点の一つにもなっています．ポイントは，和 $\sum$ や最大化 argmax を式（1）に適用する際に，変数の依存関係に注意しながらできるだけそれらの演算を式の内側（右側）に押し込むことです．具体的には，$\sum_H P(O, H)$ を効率的に計算するアルゴリズムとして前向きアルゴリズムや後ろ向きアルゴリズムが，$\mathrm{argmax}_H P(H|O)$ を効率的に求めるアルゴリズムとして**ビタビアルゴリズム**があります．データからの状態遷移確率や出力確率の推定には，**EM アルゴリズム**が広く用いられています．

参考文献

1) 鹿野清宏, 伊藤克亘, 河原達也, 武田一哉, 山本幹雄：音声認識システム, オーム社（2001）

（篠崎隆宏）

Q 30

GMMについてやさしく教えてください

GMMとはどのようなものなのでしょうか。どのような場合にGMMは使えるのでしょうか。

A

> ざっくり言うと…
> - 複数のガウス分布の重み付き和で表される確率モデル
> - 多峰の分布をもつデータのモデル化に有効
> - 話者識別，音声認識，声質変換など用途が多様

GMM（Gaussian mixture model）は日本語でガウス混合モデルと呼ばれる確率モデルの一つで，たくさんあるデータを混合**ガウス分布**に当てはめるモデルのことです。GMMは音声の分野に限っても**話者識別**，**音声認識**（⇨Q28），**声質変換**など様々な用途で利用される基本的なモデルです。ここではGMMの用途として最も一般的な識別問題を通してGMMを説明します。

ガウスモデル

図1は2人の女性話者の/あ/の音の音響特徴量（⇨Q25）の分布をプロットしたものです。この音響特徴量には，音声信号を10ミリ秒で切り出した音声フレームの特徴量であるMFCC（⇨Q27）の1次と2次の特徴量を使用してい

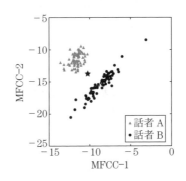

図1 音声/あ/を入力とする話者識別問題

Q 30 GMMについてやさしく教えてください

ます。ここで，新たに図1中の★で音声が観測されたとします。さてこの音声はどちらの話者の音声でしょうか？ この問題は識別と呼ばれる種類の問題で，解く方法は様々ありますが，ここでは生成モデルによる推定を考えてみます。生成モデルでは「観測された音声が話者Aによって生成された確率」と「観測された音声が話者Bによって生成された確率」を比較し確率の高いほうを識別結果として採用します。ガウスモデルでは図2に示す山型の確率分布であるガウス分布でそれぞれの確率を表現します。d次元の特徴量に対するガウス分布は，観測されたデータの平均μと共分散行列Σから次の式で表すことができます。

$$N(x;\mu,\Sigma) = \frac{1}{\sqrt{(2\pi)^d|\Sigma|}} \exp\left(-\frac{1}{2}(x-\mu)^\top \Sigma^{-1}(x-\mu)\right)$$

なお，図中の等高線は中心ほど値が高く，このことは中心付近の音声はその

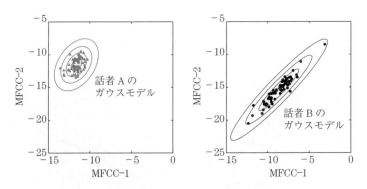

図2 話者A，話者Bの音声/あ/のガウスモデル

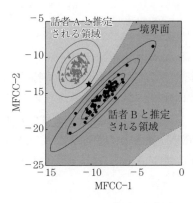

図3 ガウスモデルを用いた識別

Q 30 GMM についてやさしく教えてください

話者から生成された確率が高いことを示しています。

この確率を未知のデータに対して求めて比較を行うことで，どちらの話者から発話されたかを推定することができます．図3中の識別境界面は確率が等しくなる領域を示していて，結果として★の音声は話者Aの音声であると推定できます．

ガウス混合モデル

では，/あ/だけではなく，/あ/，/い/，/う/，/え/，/お/の5**母音**を入力音声とした場合はどのようになるでしょう．話者AとBの5母音のMFCCの1次と2次の係数をプロットしたものが**図4**（a）になります．これを/あ/だけの音声の識別と同様に単一のガウス分布でモデル化すると図（b）のようになります．この場合の識別性能は悪く，例えば話者Aの/あ/あるいは/お/の音声を入力としたとき，識別結果が話者Bとなる可能性が高くなってしまっています．

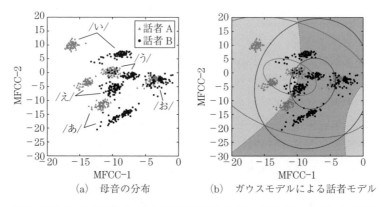

(a) 母音の分布　　(b) ガウスモデルによる話者モデル

図4 話者A, Bの母音の（a）音響特徴量の分布と（b）単一のガウスモデルによる話者モデル

このような誤識別が起きてしまう原因は，音響特徴量が実際には一つの山ではなく多峰になるように分布しているため，ガウスモデルではこの問題にうまく対応できないからです．このような多峰性を持つ分布を表現するためには，**ガウス混合モデル**（GMM）を使うのが有効です．GMMの確率分布である**混合ガウス分布**（mixture of Gaussian）は以下の式で表されます．

$$\sum_{i=1}^{M} c_i N(x; \mu_i, \Sigma_i)$$

Q30 GMMについてやさしく教えてください

この式は確率分布を M 個のガウス分布の和で表現することを示しています。また，係数 c_i は i 番目のガウス分布の重みを表しています。ここでは説明を省きますが，モデルパラメータ (c_i, μ_i, Σ_i) は **EM**（expectation maximization）**アルゴリズム**と呼ばれる反復アルゴリズムによって求めることができます。さて，GMM を用いた場合，話者 A，B のモデルは**図 5** のように表すことができます。図から，GMM を用いることで多峰性の分布を適切に表現できていることがわかります。さらに**図 6** に示す識別境界は単一のガウスモデルを用いた場合に比べ，効果的に 2 話者の音声を分離できていることがわかります。

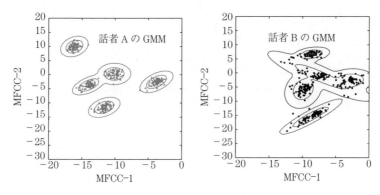

図 5 GMM（混合数 $M = 5$）

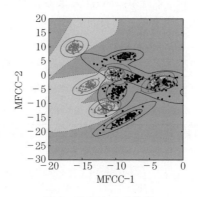

図 6 GMM による識別

参考文献

1) 杉山将：統計的機械学習—生成モデルに基づくパターン認識，オーム社（2013）

（郡山知樹）

Q31

ベイズ推定って何ですか？

分布推定法には様々な手法がありますが，その中でベイズ推定という言葉を聞きました。よく使われるようなので性能がいいのだと思いますが，具体的にどんなものかよくわかりません。

A

> ざっくり言うと…
> ●事前に知っている知識を活用できる分布推定法
> ●人間の経験則に近い推定が可能
> ●キーワードは事前情報・事後確率・予測分布

ベイズの定理

まず，ベイズ推定について考える際に重要となる**ベイズの定理**とその意味について確認します。ベイズの定理と言われて思いつくのは次の式でしょう。

$$P(H|D) = \frac{P(H)P(D|H)}{P(D)} \qquad (1)$$

ここで，$P(H)$ は H が起きる確率，$P(H|D)$ は D が得られたときに H が起こる確率です。記号 H, D と書くと抽象的でわかりにくいので，もう少し具体的な定義を与えましょう。「ある仮説」を H，「観測データ」を D としてもう一度ベイズの定理を見直すと，式（1）に現れる四つの確率のうち三つについて**表1**のように捉えることができます。

表1

$P(H|D)$	事後確率	観測データ D が得られたときに仮説 H の起こる確率
$P(H)$	事前確率	仮説 H が独立に起こる確率（観測データ D に非依存）
$P(D|H)$	尤度	仮説 H の元で観測データ D が得られる尤もらしい確率

事後確率の計算

事後確率 $P(H|D)$ を実際に計算するために，赤白の玉を箱から取り出す確率問題について考えましょう。ここに二つの箱 A，B があり，箱 A には赤玉

と白玉が1：2の割合で，箱Bには赤玉と白玉が3：1の割合で入っているものとします。どちらの箱かはわからない状態で玉を2回取り出したところ赤玉，白玉を1回ずつ取り出しました。このとき，それぞれの箱の事後確率（つまり今取り出した箱がAである確率とBである確率）を求めてみます。箱に対する事前知識がない場合は最初の**事前確率**は一様な確率に設定します（**表2**）。あわせて**尤度**も載せておきます。

表2

事前確率（$P(H)$）	尤度（$P(D|H)$）	
$P(箱A)=1/2$	$P(赤玉|箱A)=1/3$	$P(白玉|箱A)=2/3$
$P(箱B)=1/2$	$P(赤玉|箱B)=3/4$	$P(白玉|箱B)=1/4$

この尤度と事前分布を元に，最初に赤玉を取り出したとき，取り出した箱がAである確率（Aの事後確率）は式（1）より

$$P(箱A|赤玉) = \frac{P(箱A)P(赤玉|箱A)}{P(赤玉)}$$

$$= \frac{P(箱A)P(赤玉|箱A)}{P(箱A)P(赤玉|箱A) + P(箱B)P(赤玉|箱B)} \quad (2)$$

で求められます。箱Bの事後確率は式（2）のAとBを入れ替えることで計算できます。その結果，$P(箱A|赤玉) = 4/13$，$P(箱B|赤玉) = 9/13$ が求まります。箱Bのほうが赤玉の数が多いので妥当な結果に思えます。では，赤玉の次に取り出したのが白玉だった場合はどうなるでしょうか。ベイズ理論を用いた計算手順では，既に得た事後確率を新たな事前確率として用います。そこで，式（2）の計算に事前分布を4/13とした結果を計算すると赤玉と白玉を1個ずつ取り出したときの箱Aの事後確率は

$$\frac{P(箱A)P(白玉|箱A)}{P(箱A)P(白玉|箱A) + P(箱B)P(白玉|箱B)}$$

$$= \frac{\frac{4}{13} \times \frac{2}{3}}{\frac{4}{13} \times \frac{2}{3} + \frac{9}{13} \times \frac{1}{4}} = \frac{32}{59} \quad (3)$$

となります。2個目に白玉が出たとき，白玉の割合が多い箱Aの確率が上がり，結果どちらの箱も事後確率（新しい事前確率）がほぼ等価に戻るのは人間の直感とも近いと感じられるかと思います。この考え方を確率分布推定に用い

Q31 ベイズ推定って何ですか？

ることこそがこの質問のスタート地点である「ベイズ推定」になります。

ベイズ推定のためのベイズの定理の読み方

まず，分布推定手法としてよく知られている最尤推定とベイズ推定との違いについて紹介します。**最尤推定**では，はじめに何らかの分布を仮定し，そこから観測データが一番尤もらしく表現できる分布（つまり最尤となる分布）に近づけるよう学習を繰り返します。一方，ベイズ推定は分布を仮定せず，分布を表現するのに必要なパラメータ（ガウス分布なら平均と分散のこと，最尤推定では一意に決めるもの）自体を分布とみなし，そのパラメータの分布を推定することで観測データを表現するのに一番適切な分布を推定します。このパラメータの分布を推定するという観点から，もう一度ベイズの定理（式（1））を思い出してみましょう。ただし，仮説 H の代わりにパラメータ θ を用い，また，扱うデータが連続値であることを仮定しています。

$$\pi(\theta|D) = \frac{f(D|\theta)\pi(\theta)}{\pi(D)} \qquad (4)$$

連続値になって急にわかりにくく感じるかもしれませんが，**表3**に示すとおり「確率」を「確率密度」と言い換えるなど名称が変わるだけでこれまでのベイズの定理と同じです。

表3

$\pi(\theta\|D)$	事後分布	観測データ D が得られたとき，それがパラメータ θ の確率分布から得られる確率密度
$\pi(\theta)$	事前分布	観測データ D を得る前のパラメータ θ の確率密度
$f(D\|\theta)$	尤度	パラメータ θ の確率密度のもとで観測データ D が得られる確率

ベイズ推定の例題

実際に**ベイズ推定**がどのように使われるのか例題を通して説明します。

【例題】 $x = 99, 101, 103$ という数値が観測データとして得られたとき，母集団の平均値 μ の確率分布を求めよ。ただし，観測データは分散1の正規分布に従うものとする（観測データの平均値ではなく，平均値の確率分布を求めます）。ただし，各数値は独立していることとします。

【解答】 観測データが分散1の正規分布に従うので数値 x の確率密度関数は

$$f(x) = \frac{1}{\sqrt{2\pi}} e^{-\frac{(x-\mu)^2}{2}} \qquad (5)$$

となります。ここで，得られた三つの数値 $x = 99, 101, 103$ が観測データ D であり，平均 μ が求めるべきパラメータ θ を指します。このときの尤度 $f(D|\theta)$ は各観測デー

タの確率の積から次のように計算されます。

$$f(x|\mu) = \left(\frac{1}{\sqrt{2\pi}}\right)^3 e^{-\frac{(99-\mu)^2}{2} - \frac{(101-\mu)^2}{2} - \frac{(103-\mu)^2}{2}} \propto e^{-\frac{3(\mu-101)^2}{2}} = e^{-\frac{(\mu-101)^2}{2 \times \frac{1}{3}}} \quad (6)$$

式(5)より尤度は平均値101，分散1/3の**正規分布**に比例していることがわかります。次に事前分布を設定します。この例題においてもはじめは事前情報がないため，とりあえず平均値100，分散4の正規分布を仮定して事前分布を次のように表します。

$$\pi(\mu) = \frac{1}{\sqrt{2\pi} \times 2} e^{-\frac{(\mu-100)^2}{2 \times 4}} \quad (7)$$

では，求めた尤度と事前分布から式(4)を使って事後分布を計算しましょう。このとき，式(4)の $\pi(D)$ は平均 μ に依存しないため比例定数として省略すると

$$\pi(\mu|x) \propto e^{-\frac{(\mu-101)^2}{2 \times \frac{1}{3}}} \frac{1}{\sqrt{2\pi} \times 2} e^{-\frac{(\mu-100)^2}{2 \times 4}} \propto e^{-\frac{1}{2 \times \frac{4}{13}}(\mu-100.9)^2} \quad (8)$$

となることから，平均値 μ は平均値100.9，分散 $\frac{4}{13}$ の正規分布に比例していることがわかります。

　ベイズ推定において，この例題は分布の学習部を表します。そして推定時には学習によって求めた事後分布を利用した予測分布を用います。予測分布とは，観測データ D が得られているときに新たなデータ x が得られる**密度関数**のことで以下のように定義されています。

$$\pi(x|D) = \int f(x|\mu)\pi(\mu|D)d\mu \quad (9)$$

予測分布の意味することは，事後分布が高いパラメータを優先して使用しつつ，すべてのパラメータも考慮したときの観測データ x の尤もらしさです。ベイズ推定で重要となる事前分布ですが，事前に何も情報を得ていない場合には一様分布を採用することが多いです。しかし，経験や知識があれば事前分布としてその情報を確率的に反映させることができるのです。これがベイズ推定は最尤推定より自由度が高く応用範囲が広いと言われている理由です。

　ベイズ推定は難しく思われがちですが，基本定理となる式やその導出過程はシンプルで柔軟性も高いため様々な分野で利用されています。ただし，難しい点として統計学，情報理論，学習理論，および統計力学など分野によって関連する関数の名称が異なることにあります。よく確認したうえで，各自の命題に活用してください。

参考文献

1) 涌井良，涌井貞美：これならわかる！ ベイズ統計学，ナツメ社（2012）

（塩田さやか）

Q 32

深層学習って何ですか？

深層学習って何ですか？ 他の手法と比べてどうすごいのでしょうか？

A

> ざっくり言うと…
> - 深層学習はベクトルを分類（または変換）する方法をデータから学ぶ手法
> - 入力ベクトルの変換処理と分類を区別することなく同時に学習
> - 入力ベクトルの最適な表現方法がわからない場合などに有効な手段

音響特徴を分類する

例えば人が叫んでいるかどうかを分類したい時，収録した音声のエネルギーを x_1 として，x_1 がある値より大きいか小さいかで判定する方法が考えられます。しかし，この方法を**背景雑音**のうるさい場所で試したところ，誰も話していないのに「叫んでいる」と判定されることがあったので，本当に誰かが話しているのかどうかをチェックするため，バンドパスフィルタで音声のありそうな部分だけに絞ったエネルギー x_2 も考えることにしました。

この場合，x_1 も x_2 も大きい場合は，音声以外の帯域にも音が出ているため，おそらく背景雑音であると推定できます。また，x_1 がある程度小さく，x_2 が大きい場合には叫んでいるのだろうと推定できます。しかし，二つ目の変数を導入したことによって，適切な判別ルールを作ることは格段に難しくなりました。

線形識別は，人が叫んでいるかどうかのスコアを $w_1 x_1 + w_2 x_2$ で表し，これがある閾値 b より大きいかどうかで判別する方法です。より単純に，スコアを $s(x_1, x_2; w_1, w_2, b) = w_1 x_1 + w_2 x_2 - b$ と考え，s が正か負かどうかで判定すると考えることもできます。この**スコア関数**の表現では w_1, w_2, b が判定ルールを

決めています。

このように多変量に一般化したことによって，二つだけではなく，もっといろいろな入力情報を使ったスコア関数を設計することができます．例えば，**バンドパスフィルタ**を並べたフィルタバンクを使って，その出力エネルギーを並べたベクトル x を導入すると，線形識別のスコアは内積を使って

$$s(x; w, b) = w^T x - b \tag{1}$$

と書くことができます．

判定とルールを得る

一つの指標，例えばエネルギーだけから判断するのであれば**閾値**はデータを人間が眺めて適当に決めることができました．しかし，たくさんの変数を使ってこれを行うことはとても難しいです．ですから，コンピュータによって自動的にデータから適切な w と b を学習することを考えましょう．

ここからは学習データ，すなわち既に答えを知っている入力ベクトルが T 個あるとします．各入力ベクトルは $x^{(t)}$ (t は 1 から T までの自然数) と表記することにし，対応する答え $y^{(t)}$ と表記することにします．$y^{(t)}$ は叫んでいるかどうかの二値なので，$+1$ か -1 の値で表すことにします．具体的には，$y^{(t)}$ が $+1$ の場合は $x^{(t)}$ は叫んでいる音声から計算した入力ベクトルとし，$y^{(t)}$ が -1 の場合は $x^{(t)}$ は普通の音声から計算した入力ベクトルとします．

基本的なアイデアは $s(x^{(t)}; w, b)$ の符号が既に知っている答え $y^{(t)}$ と一致したときに，小さな値になる関数 $l(s(x^{(t)}; w, b), y^{(t)})$ (**損失関数**と呼びます) を選んで，その関数の和 $L = \sum_t l(s(x^{(t)}; w, b), y^{(t)})$ を最小にする w, b を，**最適化アルゴリズム**を使って見つけるという戦略です．

今回は以下の**ロジスティック関数**を使いましょう．

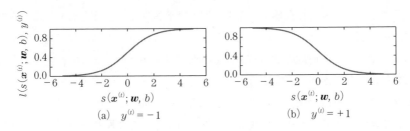

図1 ロジスティック関数の形

Q32 深層学習って何ですか？

$$l(s(\boldsymbol{x}^{(t)};\boldsymbol{w},b),y^{(t)}) = \frac{-1}{1+\exp\{-y^{(t)}\cdot s(\boldsymbol{x}^{(t)};\boldsymbol{w},b)\}} \quad (2)$$

$y^{(t)} = -1$の場合のロジスティック関数の値と、$y^{(t)} = +1$の場合のロジスティック関数の値をスコアの値をx軸に取って**図1**に示します。

図から読みとれるように、$y^{(t)} = -1$のとき、すなわち入力ベクトルが叫び声でないときにスコア関数が大きい場合、損失関数が大きくなるようにデザインされています。また、逆に$y^{(t)} = +1$のときは、スコアを大きくしたほうが損失関数を小さくできます。この関数を小さくすることでスコアと$y^{(t)}$がなるべく比例するような判定ルール$\boldsymbol{w},b$を得ることができます。

損失関数の和Lを小さくする$(\boldsymbol{w},b)$を求める方法には、**勾配降下法**を発展させた確率勾配降下法という方法が使われます。勾配降下法ではLの**偏微分値**を計算して、その偏微分係数からなるベクトルの逆方向にパラメータを少し動かします。変数を増やすことで関数の値が大きくなるとき、偏微分値はプラスになります。逆に言うと、変数を少し偏微分方向の逆方向に少し動かすと、関数の値は小さくなります。これを何度も繰り返し、少しずつ$(\boldsymbol{w},b)$を動かすことで、損失関数の値を小さくする$\boldsymbol{w}$とbを求めることができます。

二層化

さて、これで十分に高精度な叫び声識別器が得られるでしょうか？　まだいろいろな拡張が考えられます。ここでは、叫び声はおそらく母音、おそらく「あ」や「お」であろうということを考えてみます。

もしかしたら、最初に「あ」や「お」の識別を線形識別で行ってから、声が「あ」である確率や「お」である確率も考慮したほうがよいかもしれません。しかし、ここでまた別の疑問が湧き起こります。はたして本当に「あ」や「お」でよいのでしょうか？

そこで複数の線形識別器の出力を、別の線形識別器に繋げた形をしている**二層パーセプトロン**というものが用いられます。既に学習された線形識別器を連ねるのではなく、前段の識別器が何を識別すべきかということを特定せず、最初の段の識別器が何を識別するかについてもデータから学習するのが二層パーセプトロンの特徴です。線形識別器を二段に積み重ねたものなので「二層」と呼びますが、より一般的には複数段積み重ねたものを**多層パーセプトロン**と呼

びます。

二層パーセプトロンの学習は同時に複数のスコア関数を学習する複雑な問題ですが，先ほどと同様，勾配降下法で行うことができます。勾配ベクトルの計算は少し複雑になりますが，**誤差逆伝播法**という方法で効率的に計算できます。

深層学習

さて，最初のアイデアに立ち返ってみましょう。音声信号は個人差が大きいので「あ」や「お」の識別を高精度に行うには，おそらく単純な線形識別器では十分ではありません。多層パーセプトロンは中間表現が何を表しているかについては関知しないため，「あ」や「お」ではなく，何か別の有用な情報を学習によって得ることができるかもしれません。しかし，「あ」や「お」のような，より複雑な概念を導入するには，「あ」や「お」の識別自体に多層パーセプトロンが必要でしょう。

深層学習は，上記のような観点から，より層数の多いパーセプトロン（**深層ニューラルネット**）を使うアプローチ全般を指します。二層パーセプトロンの場合と同様，各層が何を意味するかというのは明示的に指定されません。しかし，各識別器は，最終段の識別に有利な中間結果を出力するように調整されます。いくつかの文献では，最初の層がより原始的な特徴，すなわち音声のエネルギーなどを捉えており，後段になるに従ってより高次な，例えば音素などの情報に近づいていくと報告されています。

理論的には深層ニューラルネットの学習も，二層の場合と変わらず，勾配降下法と誤差逆伝播法によって行うことができます。しかし，これはこれまで様々な実際上の問題から困難だとされてきました。近年のブレイクスルーは，多層化したパーセプトロンの学習を行うための様々な技術的知見が蓄積され，多層表現の真価が見直されたことによって起こりました。

今日では深層学習の技術は，**人工知能**を実現するキーテクノロジーの一つと位置付けられ，音響分野のみではなく分野横断的に用いられています。

参考文献

1) 神嶌敏弘 編：深層学習— Deep Learning —，近代科学社（2015）

（久保陽太郎）

Q33

ボコーダ（分析合成系）による音声合成の仕組みが知りたいです

音声情報処理には様々な理論がありますが，ボコーダ（分析合成系）の仕組みについて教えてください．特に，高品質な音声合成を行うためのポイントについて知りたいです．

A

> ざっくり言うと…
> ●声帯振動と口の形状による音色変化を模擬して合成
> ●声帯振動（高さ）と音色の近似精度が品質に直結
> ●人間らしい揺らぎを欠くと音質がロボット的に劣化

ボコーダ（**分析合成系**にはいくつも理論がありますが，ここでは代表的なチャネルボコーダについて述べます）の原理を知るためには，まず人間の発話の仕組みを簡単に知る必要があります．例えば「音響学入門ペディア」の「ペディア」の部分を発音してみましょう．「ペ」を**音素**表記すると/pe/ですが，/p/の発音では，唇を一度閉じてから，息を吐き出して唇を勢いよく弾きます．一方，/e/の発音は，喉に手を当てて発音するとわかりますが，喉についている声帯が振動することで音が発生します．他にも，サ行を発音する場合，/s/は歯茎と舌先を近づけて息を吐き出すように発音します．

おおまかに発音の仕組みを分類すると，図1のように声帯振動を伴う音と伴わない音になります．

図1 人間の発話の仕組み（ここでは，声帯振動の有無で有声音・無声音のみ区別する）

有声音にも口唇等を用いる音はありますし，声帯振動を伴わない無声音には**破裂音**（例えば/t/や/p/など）や**摩擦音**（例えば/s/や/f/）など複数の分類があります．しかしながら，ボコーダでは音素の詳細な区分をせず，声帯振動を含むか否か，つまり**有声音**と**無声音**だけで考えます．

　音声は短い時間で音色が変化し続けますので，ボコーダでは，短時間において音色が同一と仮定して分析合成することになります．まずは，短い時間での合成について説明しましょう．有声音の場合，喉の声帯から音源（パルス）が放射され，それが口元に至るまで口の中で反射を繰り返して特定の音色が付与されてから空気中に放射されます．この音色の付与の実現にはいくつもの方法がありますが，近年の実装では，一般的に **FIR フィルタ**（⇨Q02）で近似します．**図2**に例を示すとおり，特定の音色を付与するフィルタに声帯振動を模擬したパルスを通すことで，口元から放射された声帯振動1回分の波形を合成します．また，有声音中にも雑音成分が存在するため，有声音の合成は，さらに雑音を付加することで品質が向上します．説明が煩雑になるので割愛しますが，詳細については，例えば文献1）を参照してください．

　無声音は声帯振動を伴いませんが，有声音と同様の手順で合成します．無声音にも種類があることは説明しましたが，ボコーダではすべての無声音につい

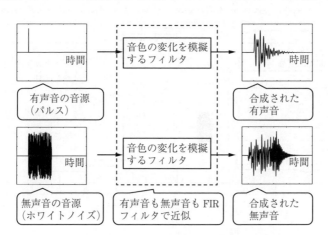

図2　ボコーダの考え方に基づく有声音・無声音の合成（どちらも音色の変化を FIR フィルタとして近似することが特徴）

Q 33 ボコーダ（分析合成系）による音声合成の仕組みが知りたいです

て，ホワイトノイズ（⇨Q17）を入力としてフィルタに通します．図1にあるように，実際の発音メカニズムとは異なりますが，入力信号をホワイトノイズに変えるだけで有声音と同じアルゴリズムを利用できるため，合理的な近似と言えます．

　ここまでで，声帯振動1回分の合成法を説明しました．次に，音声波形全体を合成する流れを，**図3**を用いて説明します．実音声の音色は短時間で変化しますので，有声音は声帯振動が生じる時間毎に，無声音は一定時間ごとにフィルタの特性（具体的にはフィルタ係数）を変えて短時間の波形を合成し，それらをオーバーラップさせながら加算します．ボコーダでは，まず元となる入力音声波形を分析し，音声を合成するために必要となるパラメータを求めます．音声分析では，最初に音声から声帯振動が生じる時間間隔に相当する**基本周期**を求めますが，一般的には基本周期の逆数である**基本周波数**（F0）を求めます．フィルタは，**スペクトル包絡**と呼ばれるパラメータとして推定されます．また，ここでは説明を割愛しますが，有声音中に含まれる雑音成分をパラメータとして推定することも行われます．一般に，音声の分析は20～30 ms程度

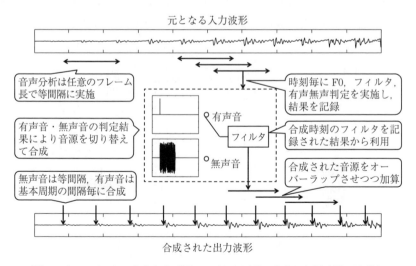

図3　ボコーダによる音声合成（図2で示した原理で合成した短時間の波形をオーバーラップさせながら加算する）．

のフレーム長で，シフト幅は数 ms〜十数 ms 程度で行われます。

　合成は，声帯振動1回分，無声音では短い区間（数 ms 程度）について，有声音と無声音との判定，およびフィルタ係数を時刻毎に変えながら行います。分析とは異なり，声帯振動の生じる区間毎に合成する必要があり，その区間は音声分析により得られた F0 から求めます。よって合成時は，不等間隔の時間幅で処理を行います。

　最後に，合成結果が劣化するポイントを説明します。まず，/t/ や /p/ など破裂音の高品質な合成は，ボコーダ型の音声分析合成方式が抱えている共通の課題です。すべての無声音はホワイトノイズを音源としますので，波形のエネルギーが一瞬に集中する破裂音の合成には適していません。次の問題は，音色付けに用いられるフィルタの位相特性です。声帯振動をフーリエ変換するとパワースペクトルと位相スペクトルが得られるのですが，図2と図3のフィルタは，パワーのみ保存し位相を捨てます。合成の際は，パワースペクトルから「最小位相」と呼ばれる位相[2]を計算して勝手に用いています。実際の音声の声帯振動は最小位相ではありませんので，当然音色が劣化します。また，フィルタの推定誤差が大きい場合は鼻声的になりやすく，声の擦れにより有声音中に生じる無声音を加算しない場合，あるいは F0 の推定精度が低く人間らしい揺らぎを含まない場合は，ブザー音のようなロボット的な音に劣化します。これは，音色が buzzy になると表現されており，ボコーダについて研究する数多くの研究者の頭をいまだに悩ませる問題です。これらの問題を解決するための研究はありますが，入力音声と等価な品質を達成できていないのが現状です。

参考文献

1) 河原英紀：Vocoder のもう一つの可能性を探る，日本音響学会誌，**63**, 8, pp.442-449（2007）
2) 今井聖：音声信号処理—音声の性質と聴覚の特性を考慮した信号処理，森北出版（1996, 2005）

（森勢将雅）

Q 34

統計的音声合成の仕組みを教えてください

「統計的音声合成」はいったいどのような仕組みで動いているのでしょうか。何が「統計的」なのでしょうか。

A

> ざっくり言うと…
> ● データから確率統計によって音声を予測して合成する
> ● 詳細な条件を設定することで予測の精度を高くする
> ● データに含まれる音声の特徴や癖を学習し再現する

人間が言葉を話すようにコンピュータから音声を人工的に生成することを**音声合成**と呼びます。テキスト（文章）を入力すると対応する音声を合成するような音声合成のことを**テキスト音声合成**（text-to-speech；TTS）と呼び、テキスト音声合成を指して単に音声合成と呼ぶことも多いです。ここではテキスト音声合成を対象とします。

統計的（テキスト）音声合成とは、入力テキストがどのような音であるかを大量のデータから確率統計に基づいて予測することで合成音声を生成する手法を指します。**図1**に統計的音声合成の概要を示します。

まず、大量の音声を収集したデータ（**学習データ**）から音の特徴を統計的に学習します。例えば、「こ」は平均的にこんな音、「ん」は平均的にこんな音、といった具合です。このような音の特徴を表した統計モデルのことを**音響モデル**と呼びます。そして、テキストから音声を合成する際には、学習した音響モデルを用いて入力テキストがどのような音であるかを予測することで音声合成を実現します。このように、データから確率統計に基づいて音声を予測することから、「統計的」音声合成と呼ばれます。

テキストからどんな音声波形を出力したらよいかを予測する精度を高めるこ

Q 34 統計的音声合成の仕組みを教えてください

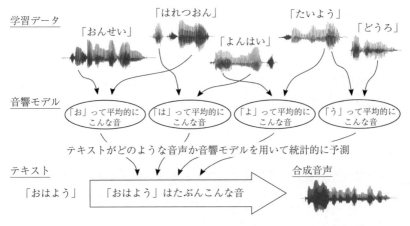

図1 統計的音声合成の概要

とによって，統計的音声合成はより自然な人間らしい合成音声を生成することが可能になります。このとき，テキストと音声波形を結びつけるためには，テキストから音声を予測する際に利用する音響モデルを適切に学習することが重要となります。

それでは，音響モデルについてもう少し具体的に説明していきます。通常，音響モデルは**音素**と呼ばれる単位が利用され，音素毎にどのような音であるかをモデル化します。例えば，日本語の場合は/a/, /i/, /u/, /e/, /o/といった**母音**や/k/, /s/, /t/といった**子音**など，約30の音素によって表現されます。テキストから音声を予測する際には，テキストを音素に変換し，音素毎にどのような音であるかを予測することで，合成音声を生成します。

しかし，人間の音声は非常にバリエーションに富んでおり，同一の音素であってもまったく異なる特徴をもつことがあります。例えば，「音声合成」というテキストの音素表記は"/o/ /N/ /s/ /e/ /e/ /g/ /o/ /o/ /s/ /e/ /e/"となり，音素/o/は3回出現しますが，これらはどれも詳細な音の特徴は異なります。このため，これらの音をすべて同じように予測した場合，合成音声は不自然なものになってしまいます。そこで，より詳細な条件を与えることで予測の精度を高めます。例えば，音素/o/という情報に加えて，直前の音素は/g/

Q 34　統計的音声合成の仕組みを教えてください

である，直後の音素は/o/である，この単語のアクセントはどうか，品詞はどうかなど，詳細な条件を与えることで，より詳細な音の特徴を予測することが可能になります。これは，インターネットで情報検索をする際に，一つのキーワードで検索するよりも関連するキーワードも入力したほうが目的の情報を正確に検索できることと似ています。

　前後の音素，アクセントや品詞などのテキストから得られる様々な情報を「**コンテキスト**」と呼び，コンテキストを考慮した音響モデルのことを「**コンテキスト依存モデル**」と呼びます。コンテキスト依存モデルを利用することで，詳細な音の特徴を予測することが可能になり，自然な合成音声を生成することが可能になります。

　統計的音声合成の大きな特徴は，学習データから音声を統計的に予測することにあります。このため，生成される合成音声は，学習データの特徴が強く反映されたものになります。例えば，学習データとして A さんの音声を利用した場合，音響モデルは A さんの声質や音高，話速などの特徴や癖を学習します。このため，この音響モデルを用いて生成した合成音声は A さんの特徴や癖を再現した音声となります（**図2**）。

図 2　学習データの特徴や癖を学習・再現

　同様に，学習データを**感情音声**にすることで，合成音声を感情音声にすることも可能です。例えば，学習データが怒ったような音声であれば合成音声も怒ったような声になり，悲しんでいるような声であれば合成音声も悲しんでいるような声になります。このような特性を利用することで様々な合成音声を生成することが可能になります。さらに，統計的音声合成の枠組みを利用することで，統計的歌声合成を実現することも可能です。統計的音声合成ではテキスト

から音声を予測していましたが，統計的歌声合成では楽譜から歌声を統計的に予測します．学習データを歌声の音声データ，入力を楽譜情報とすることによって，同様の枠組みを用いて**統計的歌声合成**を実現できます．

統計的音声合成のもう一つの大きな特徴として，合成音声の声質を柔軟に変化させることができる点が挙げられます．統計モデルのパラメータを変更することで，合成音声を別人の声に変更することなどができます．このような特性を利用することで，所望の人物の声が再現された音声合成システムを構築することが可能となります．

統計的音声合成は，2000年代から急速に発展し，現在も盛んに研究が行われています．音響モデルとしては**隠れマルコフモデル**（hidden Markov model；HMM，⇨Q29）が広く利用されてきており，HMMを用いた統計的音声合成のことを指してHMM音声合成と呼ぶことも多いです．また，deep neural network（DNN）などのディープラーニング（**深層学習**，⇨Q32）の技術を利用した統計的音声合成も注目を集めています．統計的音声合成の性能は2000年代から飛躍的に向上しましたが，実際に人間が発声した自然音声と比較するとまだまだ十分な性能であるとは言えません．読み上げ調・口語調といった話し方や，感情表現，単語の強調等の発話表現についても完全に表現するには至っておらず，今後のさらなる研究の進展が期待されます．なお，現在の音声合成技術については文献1)，HMM音声合成の技術的な基礎については文献2)，統計的音声合成の近年の技術動向については文献3)などに詳細が書かれています．

参考文献

1) 山岸順一，徳田恵一，戸田智基，みわよしこ：おしゃべりなコンピュータ—音声合成技術の現在と未来—，丸善出版（2015）
2) 徳田恵一：HMMによる音声合成の基礎，電子情報通信学会技術研究報告，**100**，392，SP2000-74，pp.43-50（2000）
3) 徳田恵一：統計的パラメトリック音声合成技術の動向，日本音響学会誌，**67**，1，pp.17-22（2011）

（橋本　佳）

Q 35

人が音声を正しく知覚できるのは なぜでしょうか？

音声は人間にとって重要なコミュニケーション手段の一つです。周囲が騒がしい場所でも，スマートフォンの音声認識サービスと違い，人間は音声を正しく知覚することができますが，なぜなのでしょうか。

A

> ざっくり言うと…
> ● 人間にとって音声は話すことと聞くことの両方で特別であるから
> ● 人間は音声に特化した知覚メカニズムをもつから
> ● 人間は音声に足りない情報を補うことができるから

「あいうえお」。この文字を見ても，この文字を声に出して読んでもらった音声を聞いても，いずれも正しく理解することができます。文字は目から，音声は耳から情報が入ってくるという違いがありますが，実はもう一つ重要な違いがあります。それは，一つひとつの字や音の間に明確な区切りがあるかどうかということです。「あいうえお」という文字は，一つひとつの字の区切りが明確です。一方，パソコンやスマートフォンで録音した「あいうえお」の音声信号を見ますと，信号が切れ目なくつながっているため，音がいくつあるのか，どこが「あ」でどこが「い」なのかが明確ではありません（**図1**）。音声の聞き取り（**知覚**）の最大の目的は，耳に入ってきた音声信号から，**音素**（音声の最小単位），**音節**（母音を含む音のかたまり）や単語を理解することです。音声信号は音の区切りが不明確にも関わらず，なぜ人間は正しく音声を知覚できるのでしょうか。この質問に答えるために，まず音声信号について知っておく必要があります。

音声信号は，人間が声帯，唇や舌（**調音器官**と言ったりもします）を動かすことにより生成されます（⇨Q33）。人間の調音器官は滑らかにしか動かすこ

Q35 人が音声を正しく知覚できるのはなぜでしょうか？

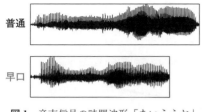
図1 音声信号の時間波形「あいうえお」

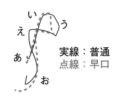
図2 舌先の動き（正中面）

とができないため，「あいうえお」と声を出した音声信号が切れ目なくつながってしまうのです。また，動かすことのできる調音器官の範囲は決まっているため，出すことのできる音の種類には限りがあります。さらに，調音器官の動きには制限があることから，同じ音素や音節であっても，前後の音素や話す速度により音声信号が異なります。**図2**に「あいうえお」と早口と普通の速度で声を出したときの磁気センサシステムという装置で計測した舌先の動きを示します。「う」と「え」を発声した際の舌の動きが，早口の場合に短くなっていることがわかります。これは，普通の速度と同じ舌の動きで早口で声を出そうとすると間に合わないことから，舌の動きを短くするためです。したがって，「う」と「え」の早口と普通の速度の音声信号（フォルマント，⇨Q25）は異なっています（図1）。このように，音声は人間が調音器官を動かすことで生成されるため，音声信号には人間の発声の制約が反映されています。

　声を出すとは，声に出したい音素，音節や単語を，調音器官の動きを通じて，音声信号として生成することです。一方，声を聞くとは，音声信号から音素，音節や単語を理解することです。つまり，声を出すことと声を聞くことは，音声信号と音素，音節や単語との関係で言えば，反対のことを行っていると考えることができます（**図3**）。人間が音声をどのように知覚しているのかについては，古くから研究が行われています。おおまかに言えば，**聴覚末梢**において音声信号から特徴を抽出し，その特徴を使って脳で音声を理解しています。聴覚末梢における**周波数分析**（⇨Q38）などについては別に譲るとして，ここでは人間が音声を知覚する脳の仕組みについて紹介します。

　音声知覚の仮説として，聴覚説と音声知覚の運動理論の大きく分けて二つが提案されています（図3）。音声信号には，人間の調音器官の制約が反映され

Q 35　人が音声を正しく知覚できるのはなぜでしょうか？

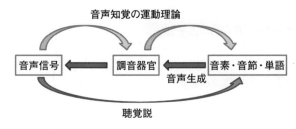

図3　音声知覚の仮説

ており，明確な区切りがなく，同じ音素や音節であっても話し方によって音声信号が異なります。聴覚説の基本的な考え方は，そのような問題に対して，音素あるいは音節に不変な複数の特徴を音声信号から抽出し，それらを識別に用いることで音声知覚を行っているというものです。現在の音声認識サービスで用いられている**HMM**（**隠れマルコフモデル**，⇨Q29）や**DNN**（**深層学習**，⇨Q32）などの**パターン認識技術**（⇨Q28）と同じような考え方です。一方，音声知覚の運動理論は，人間は音声の聞き手であると同時に話し手でもあるという点に着目しています。つまり，人間は音声信号にどのような発話器官の制約が含まれているかということを知っているため，それを積極的に利用しながら音声の理解を行っているという考え方です。例えば，「あいうえお」という音声信号が耳に入ってきたとき，"「あいうえお」と発声するように発話器官を動かせば耳に入ってきた音声を再現できるため，「あいうえお」と言っているに違いない"というように脳の中で発声のシミュレーションを行うことにより音声を知覚するというものです。発声のシミュレーションを行うことで，音声信号に含まれる調音器官の制約を考慮する，また音声の聞き取りにくい部分を予測することが可能となります。とてもユニークな考え方ですが，わざわざ発声のシミュレーションをしながら音声を知覚しているとは思えないという批判が多く，またこの仮説を支持する結果が不十分であったこともあり，1990年代にはこの仮説はほとんど支持されなくなりました。

ところが，2000年に入って状況が一変しました。音声知覚をしているときの人間の脳の活動を調べたところ，声を出すことに関与する脳部位（運動前野）が活動するという報告がされました。さらに，**TMS**（**経頭蓋磁気刺激法**）

により音声知覚時の運動前野の活動を一時的に抑えると，音声知覚の成績が悪くなるという結果が報告されました。つまり，音声知覚が発声のシミュレーションをしながら行われているという仮説を支持する結果が示されたのです。近年多くの音声知覚時の**脳活動計測**実験が行われるようになり，音声に雑音を加える，音声の自然性を劣化させるなど音声を聞き取りにくくすると運動前野の活動が大きくなる，また非音声の場合には運動前野の活動が見られないという報告がされています。つまり，音声に足りない情報を発声のシミュレーションにより補っているとも考えられます。これらの結果を発展させ，聞き取りやすい状況では聴覚説を用い，音声が騒音などで途切れてしまうような状況では，自らの発声経験を利用したシミュレーションにより予測しながら聞く音声知覚の運動理論を用いるというハイブリッド説も提案されています。しかしながら，音声知覚の仕組みについては，まだわからないことが多くあります。

音声をどのように知覚しているかがわかると嬉しいことがあるのでしょうか。例えば，外国語の学習に応用できるかもしれません。日本人は，周囲が騒がしい場合であっても，日本語の音声であれば聞き取ることができる一方で，英語などの外国語の音声の場合はうまく聞き取ることができなくなります。こういった聞き取りにくい状況で，人間が聴覚説あるいは音声知覚の運動理論の考え方をどのように使っているかを理解できれば，効率的な外国語学習法を生み出すことができるかもしれません。もし音声知覚の運動理論の考え方が用いられているのであれば，外国語をたくさん話すということが重要になります。また，現在の**音声認識システム**は，人間の音声知覚と比較すると精度に差があり，まだ多くの課題が残されています。この課題の解決に，人間の音声知覚の仕組みを応用することが役立つかもしれません。

参考文献
1) B.C.J.ムーア（大串健吾 監訳）：聴覚心理学概論，誠信書房（2003）
2) Gregory Hickok and David Poeppel：The cortical organization of speech processing, Nature Reviews Neuroscience, **8**, pp.393-402（2011）
3) イリュージョンフォーラム：http://www.kecl.ntt.co.jp/IllusionForum/（2016年7月現在）

（廣谷定男）

Q 36

音高と音程，ピッチ，基本周波数って何が違うんですか？

音高と音程，ピッチ，基本周波数はどのようなもので，どう違うのでしょうか。また，これらの用語をなぜ区別しなければならないのでしょうか。

A

> ざっくり言うと…
> ●音高とピッチは同じもので音の高さの心理量である
> ●基本周波数は音の高さの物理量である
> ●音程は音と音のピッチの隔たりである

まず，**音高**，**ピッチ**，**基本周波数**は音の高さに関わる量を表しています。音声の分野では，有声音の基本周波数と同様の意味でピッチという用語が用いられることがあります。しかし，**音楽音響**の分野ではこれらを明確に区別する必要があります。それでは，これらの違いは何かと言うと，**心理量**か**物理量**かの違いです。音高およびピッチは心理量で，基本周波数は物理量です。心理量はある刺激に対して人間が感じる量を表しており，物理量は刺激の物理的な量を表しています。

心理量と物理量を区別しなければならない理由は，物理量を2倍にすると心理量が2倍になるという単純な関係が成り立たないためです。例えば，音の大きさに関して言うと，物理量は音圧レベルであり，これに対応する心理量は**ラウドネス**です。純音や狭帯域雑音の周波数を変化させ，ラウドネスが一定，つまり同じ音の大きさに聞こえる**音圧レベル**を結んだ**等ラウドネスレベル曲線**を見ると，周波数により聴覚の感度が異なることがわかります。したがって，ある周波数と別の周波数の音について音圧レベルを同じだけ変化させても，聞こえる音の大きさは同じだけ変化するとは限りません。このように，ラウドネス（心理量）は音圧レベル（物理量）だけに依存するのではなく，それ以外の物

Q 36　音高と音程，ピッチ，基本周波数って何が違うんですか？

理的要因である周波数にも依存して変化します。同様のことが音の高さに関するピッチ（心理量）と基本周波数（物理量）にも言えますが，これらの関係は後述します。

次に，音高，ピッチ，基本周波数，**音程**それぞれについて説明します。音の高さに関する物理量である基本周波数は，**調波複合音**（複合音を構成する複数の成分の周波数が整数倍の関係）の場合，基音（複合音の周期と同じ周期をもつ成分）の周波数です[1]。ここで，**図1**に調波複合音における基音および倍音と複合音の関係を示します。この図では，100 Hz，200 Hz，300 Hz の 3 音を合成しており，100 Hz の成分が基音，200 Hz の成分が第 2 倍音そして 300 Hz の成分が第 3 倍音となります。そして，100 Hz の基音が基本周波数に対応します。

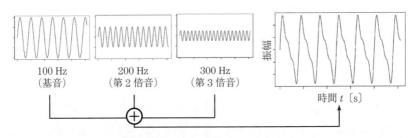

図1　調波複合音における基本周波数

次に，音の高さに関する心理量である音高およびピッチについて説明します。音高を英語に訳すと pitch（ピッチ）であり，音高とピッチは同じ量を表しています。ピッチには音が「低い–高い」という一次元的な側面と，音楽上の音名「C（ド），D（レ），…，B（シ），C（ド）」に対応する循環的な側面があることが明らかにされています。ピッチの一次元的な側面を決定する基本的な要因は基本周波数ですが，基本周波数が 2 倍になったとしてもピッチは 2 倍になりません。このことは，周波数 1 000 Hz，音圧レベル 40 dB の純音のピッチを 1 000 mel とした**メル尺度**上において，2 倍のピッチ（2 000 mel）に聞こえる周波数を求めると 3 kHz になることからもわかります[2]。ここで，ピアノの中央の A（ラ）の音である A4 の音を基準ピッチとして 440 Hz に対応づけます（基準ピッチに関しては 442 Hz などとする場合もありますが，ここでは

Q 36 音高と音程，ピッチ，基本周波数って何が違うんですか？

440 Hz とします）．この音を基準とすると，1オクターブ下のA3の音は220 Hz，一方，1オクターブ上のA5の音は880 Hzとなります．このことから，同じ音名で表されるオクターブの関係にある音は周波数比で見ると1:2の関係ですが，メル尺度上ではその比は1:2の関係にありません．**図2**にピッチと周波数の関係を示します．

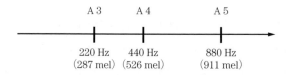

図2 ピッチと周波数の関係

最後に音程について説明します．音程は，2音間のピッチの隔たりを表しています．したがって，音が一つしか存在しない場合には音程は存在しません．音程という用語のよくある間違った使用例は，「C4（ド）の音程の音を作成した」というものです．本来の意図としては，音高がC4の1音のことを指したいのですが，この例ではある一定の音高だけ離れた2音のことを指していると解釈することもできます．そのため，正しくは「C4の音高（もしくはピッチ）の音を作成した」とするべきです．研究発表の場でこのような使い方をすると，誤解を生じることとなり議論が噛み合わなくなる可能性があります．では，なぜこのような音高と音程の混同が起こるかというと，音程は英語でmusical intervalであるため間隔を表していることをイメージしやすいですが，日本語訳が音程であるため間隔を表すということがイメージしにくくなったためと考えられます．

音程を物理的に規定する場合，周波数比に基づいた **cent** の単位で表現されます．centは以下の式（1）により計算されます．

$$C = 1\,200 \log_2 \frac{f_2}{f_1} \tag{1}$$

ここで，f_1 と f_2 は周波数で単位はHzです．例えば，周波数比で1:2（オクターブ）の関係にある場合に1 200 centとなります．特に，1オクターブの間

を12等分した12音平均律の場合，半音の周波数比は $1:2^{1/12}$ となり，centの単位で表すと100 centとなります。

　音楽的には，音程は全音階上での移動数で表現します。ここで，全音階とは，5音の全音と2音の半音の計7音で構成された**音階**のことです。周波数比が1:1，つまり同じ周波数の2音の音程は1度（同音，ユニゾン）と呼び，全音階上で隣接する2音の音程は2度と呼びます。したがって，1オクターブの範囲内では7度が最大となります。ここで，同じ度数であっても2音間に存在する半音や全音の数によって完全音程，長音程，短音程，増音程，減音程を区別する必要があります。**図3**にこれらの関係をまとめた図を示します。

図3　完全音程，長音程，短音程，増音程，減音程について

　完全音程は4度および5度において存在し，半音の数が5音のものを完全4度，半音の数が7音のものを完全5度と呼びます。5度にはさらに半音の数が6音のものが存在し，これを減5度（減音程）と呼び，4度にも同様に半音の数が6音のものが存在し，これを増4度（増音程）と呼びます。短音程および長音程は2度，3度，6度，7度に存在しており，短音程と長音程では半音1音分異なります[1)3)]。

　同じ名前の音程であっても音階によってcent単位での物理的な大きさが異なる場合があります。例えば，完全5度の場合，**ピタゴラス音律**，**純正律**においては701.955 centであり，平均律においては700 centとなります[1)]。

参考文献

1) 日本音響学会 編：新版 音響用語辞典，コロナ社（2003）
2) 日本音響学会 編：音の何でも小辞典，講談社（1996）
3) 安藤由典：新版 楽器の音響学，pp.11-17，音楽之友社（2007）

（大田健紘）

Q 37

どうやって音を立体的に感じるのですか？

　ヒトは音がやってくる方向などを聞き分けて，立体的に音を感じていますが，どのような音の性質と聴覚の仕組みがこういった立体的な聞こえを可能にしているのでしょうか？

A

> ざっくり言うと…
> ●二つの耳を利用するから
> ●耳介の複雑な形のおかげ
> ●脳の学習の賜物

　ヒトに限らず多くの動物は聴覚，つまり音を聞くことによって空間情報を得る能力を有しています。視野外の情報を得ることができず暗闇では利用が困難な視覚とは異なり，聴覚はあらゆる方向からの情報を得ることが可能です。聴覚がもつこのような機能は，危険を察知するといった生存上の必要性だけでなく，音楽の演奏および聴取，音声の伝達と聴取，といった日常生活での音を介したコミュニケーションにおいても重要な役割を果たしています。

　では，「立体的に音を感じる」とは具体的にどのような知覚現象を指しているのでしょうか？　私たちが日常的に最も経験しているものの一つが**音像定位**です。音像定位とは，ヒトの口やスピーカなどの音源から発せられた音を聞くことにより生じる音のイメージ（音像）の位置を知覚することです（知覚される音像の位置と実際の音源位置が同じになるとは限りません）。この音像定位は音像の**方向定位**と距離定位に分けることができますが，それぞれを可能としているメカニズムは異なります。私たちは左右の各側頭部に併せて二つの耳を持っており，ある方向から到来した音波が両耳に到達する際には左右の耳の間に時間差と音圧レベル差，いわゆる**両耳間時間差**（ITD：interaural time difference）と**両耳間レベル差**（ILD：interaural level difference）が生じます

Q 37 どうやって音を立体的に感じるのですか？

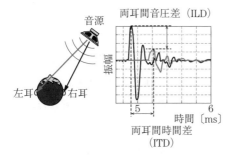

図1 ITDとILD　　図2 混乱の円錐 (cone of confusion)

（**図1**）。

　図1の例では，右寄りにスピーカがあるので音は右耳に先に到達し，左耳に後から届くので，時間差が生じます。また，左耳からではスピーカが直接見えず，また音波が伝搬する距離も長くなるため，右耳に比べて音の大きさが小さくなります。ITDとILDは音波の到来方向によって異なるため，私たちの脳は両耳への聴覚入力からITDとILDの量を検出することで音波の到来方向を推定しています。しかし，ITDとILDだけで音像の位置を一意に定めることはできません。なぜなら，同じITDとILDの値を生じさせる音源位置は無数に存在するからです。例えば，**図2**に示すような円錐の底面の円周上に音源が存在する場合，音源位置が異なってもITDとILDはほとんど変化しません。したがって，あるITDとILDが与えられても，私たちの脳は，この円周上のどこかに音源が存在している，ということしか推定できないことになります。

　そこで，ITDとILDの他に用いられているのが，音波が到来する仰角方向によって変化する聴覚入力の周波数特性です。複雑な形状をもつ耳（**耳介**）に音波が到来するとその表面で複雑な反射や回折が生じます。結果として音波の振幅が強まったり弱まったりしますが，このような耳介の効果は周波数（あるいは波長）により異なるため，聴覚に入力される信号は平坦でない周波数特性を持つことになります。さらに，耳介のこのような効果は音波が到来する仰角方向（上下方向）により異なります。一般に，反射のない部屋で測定したこの周波数特性は**頭部伝達関数**と呼ばれます。**図3**は音源の仰角方向によって聴覚

Q37 どうやって音を立体的に感じるのですか？

入力の周波数特性が変化する様子を示しています。私たちの脳は，このような「周波数特性上の手がかり（**スペクトラルキュー**）」を検出することにより音源の仰角方向を推定し，前述の円周上のどこに音源が位置しているかを推定することで音波の到来方向を「計算」しています。頭部や耳介の形状は人により異なりますので，聴覚入力がどのような周波数特性を持つかも人により異なりますが，私たちの脳は自身の耳が生じさせる音の変化と視覚などによって得られる音源位置の対応関係を日常生活の中で学習することによって，音源が存在する方向を推測する能力を獲得しているのです。

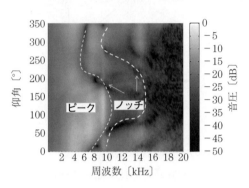

図3　音源仰角による周波数特性の変化
（ピーク：音の振幅が強まるところ，
ノッチ：音の振幅が弱まるところ）

さて，私たちは音の到来方向だけでなく，音源までの距離も知覚することができます（**距離定位**）。距離定位の手がかりとして，まず考えられるのが「音源距離による耳元での音圧レベルの大小」です。音源の出力レベルが一定であるとすれば，距離減衰によって，音源が聴取者から遠くにあるほど耳元で観測される音圧レベルは小さくなりますので，音圧レベルの大きさは距離を推定する手がかりとなりえます。音源出力が一定で既知の場合には相対的な距離を推定することが可能です。しかし，音源出力が時間により変化する場合あるいは未知の場合には手がかりとはなりえません。したがって，音圧レベルの大小は電話の着信音や他者の話声などの日常的に聴き慣れた放射音圧がおおむね一定とみなせる音源に対してのみ有効な手がかりといえるでしょう。他の手がかりとして考えられるのは「音源距離による聴覚入力の周波数特性の変化」です。前述のように音波の到来方向によって聴覚入力の周波数特性は変化しますが，**図4**に示すように距離によっても頭部伝達関数が変化することが知られており，距離定位の手がかりとなりえます。しかし，このような周波数特性の変化が生じるのは音源が聴取者に近い場合（約1m以内）に限定されているた

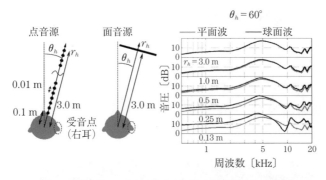

図4 音源距離による耳元での信号の周波数特性の変化

め[1]．これよりも遠方に位置する音源の距離の判断には用いることはできません。もう一つの手がかりは「反射のある音場内での直接音と間接音のエネルギー比」です。室内などの反射音が生じる音場において，直接音による耳元の音圧レベルは音源距離により変化しますが，反射音などによる間接音による音圧レベルは音源距離にあまり依存しません。したがって，直接音と間接音のエネルギー比（直接音／間接音）は，音源が聴取者に近いほど大きくなり，逆に音源が遠いほど小さくなりますので，間接音がある程度以上存在する音場内では距離定位の手がかりとして利用できます。聴覚による距離定位は，主として以上のような手がかりにより得られる情報を統合して判断されていると考えられますが，視覚により得られる距離情報と比較すると曖昧であると言えます。

　音像の方向定位および距離定位に焦点を当ててきましたが，「みかけの音源の幅」と「音に包まれた感じ」といった音の空間的な広がりに関する知覚（「広がり感」），あるいは**先行音効果**，**エコー知覚**といった，反射音を含めた聴覚入力の時間的空間的構造が生じさせる知覚現象も音場を立体的に感じるうえで重要なものです。より深く学びたい方は詳しく解説された文献2）を参照してください。

参考文献
1) 大谷真，平原達也，伊勢史郎：水平面上の頭部伝達関数の距離依存性の数値的検討，日本音響学会誌，**63**，11, pp.646-657（2007）
2) 飯田一博，森本政之 編著：空間音響学，コロナ社（2010）

（大谷　真）

Q 38

聴覚フィルタって何ですか？

聴覚フィルタとはどのようなものなのでしょうか。知覚のフィルタとはいったい何なのでしょうか。

A

> ざっくり言うと…
> ● フィルタは必要な成分とそれ以外の成分を分離するもの
> ● 聴覚末梢系には周波数分析器のような働きがある
> ● その周波数分析の機能をフィルタの考えを基にモデル化したもの

まず，**フィルタ**というのは，コーヒードリップのフィルタやエアコンのフィルタと同じ意味合いで，必要な成分を抽出し，それ以外の成分を取り除くためのものです。コーヒーフィルタの場合は，コーヒーを抽出してコーヒー豆を取り除く，エアコンの場合は，冷風や温風を通して埃を取り除くために使われているのがフィルタです。

次に聴覚の部分について説明します。感覚の一つの「聴覚」が，このフィルタの名前に付いているのは，聴覚の情報処理メカニズムに理由があるからです。では，私たちが音を聴くメカニズムはどうなっているでしょうか。音のもとである空気の振動（粗密波）は，鼓膜でとらえられ，耳小骨を経て**内耳**で神経パルスに変換された後，さらに脳幹の様々な器官を経て内側膝状体を通り皮質の聴覚野に伝えられて音として知覚されるようになります。これがざっくりとした**聴覚情報処理**メカニズムです。実は脳幹より後段については，どの場所でどのような処理やどのような特徴抽出が行われているのかについて，その多くが明らかになっていないといっても過言ではありません。ただし，内耳部分の働きについては比較的よく知られています。

聴覚フィルタとは，この内耳，特に内耳内の**蝸牛**と呼ばれる器官の働きをモデル化したものです。蝸牛は「各々の周波数に対応した基底膜の場所が共振することで音を神経パルスに変換する」という働きをしています。音として脳で知覚されるために，空気の振動（外界）は，機械振動（耳小骨）→物理振動（基底膜）→振動が細胞を刺激して神経パルスへ（内有毛細胞）と変化していきます。この流れのうち，**基底膜**と**内有毛細胞**が蝸牛に含まれます。基底膜によって，蝸牛は様々な周波数成分をもった音を正弦波成分に分解していることが知られています（ちなみに，この基底膜の長さという物理的な制限から可聴域が決まっています）。したがって，蝸牛は一種の周波数分析器と考えることができます。

この蝸牛にある基底膜の働きはフィルタの働きと同様に考えることができます。各々の周波数に対応した基底膜の働きをコーヒーフィルタで考えると，「共振点の周波数＝コーヒー」「それ以外の周波数＝コーヒー豆」と置き換えることができます（**図1**）。つまり，特定の周波数を通すフィルタのようなものが蝸牛の基底膜に備わっていると考えることができるのです。このモデルが「聴覚フィルタ」です。もちろん蝸牛の基底膜は断続的ではなく連続的ですの

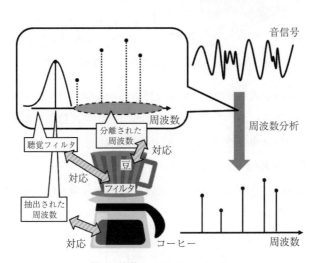

図1 聴覚フィルタのイメージ

Q 38 聴覚フィルタって何ですか？

で，聴覚フィルタはすべての周波数に対応したフィルタが連続的に並んでいると考えられています。フィルタが連なったものは**フィルタバンク**と呼ばれますので，蝸牛の基底膜全体をモデル化したものは，聴覚フィルタバンクと呼ばれています。聴覚フィルタバンクは，金額の異なる硬貨をばらばらに入れても硬貨の種類ごとに分けてくれる貯金箱（**図2**）のようなものだと捉えるとわかりやすいと思います。「ばらばらの硬貨 ＝ 様々な周波数の音」「貯金箱に収まった硬貨 ＝ 正弦波成分」とすると，「貯金箱の中の機構 ＝ 聴覚フィルタバンク」となります。ちなみに，貯金箱は英語で bank というので，とても覚えやすいと思います（意味は全然違いますが…）。

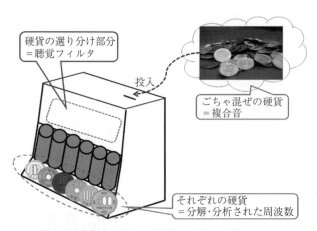

図2 硬貨を選り分ける貯金箱で考える聴覚フィルタ

聴覚フィルタの形状がどのようになっているかについて，これまでに多くの研究が行われてきました。聴覚フィルタ形状（どの周波数までは通すのか，通さないのか）は**マスキング**によって推定されます。マスキングとは，「ある音 A に対する**最小可聴値**（＝ 音を知覚できる最も小さな音圧レベル）が他の音 B の存在によって上昇する現象，あるいはその上昇量」のこと（**図3**（a），(b)）です。したがって，マスキングが生じるということは，音 B の周波数は音 A の周波数に影響を与えていると考えることができます。音 A を正弦波としたとき，音 A を中心周波数とする帯域雑音 B があったとすると，音 B の

帯域幅を広げていくと，音 A の最小可聴値はどんどん大きくなります。しかし，音 B の帯域幅がある一定の幅（N）を超えると音 A の最小可聴値は変化しなくなります。この事実は，音 A の周波数を中心周波数とする聴覚フィルタが N までの周波数を通すフィルタであることを示唆しています。これが，聴覚フィルタはマスキングによって推定される理由です。現在では，聴覚フィルタ形状は，その中心周波数から離れるほどマスキングへの影響が低下する三角形状をしており，低域側・高域側で非対称であることがわかっています。

 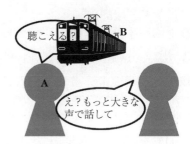

(a) 通常時の会話　　　(b) 電車 B によって A の音声が
　　　　　　　　　　　　　　マスクされた状態

(b) の状態では A がもっと大きな声で話すこと（可聴値を上げること）によって聞こえるようになる（場合もある）。

図 3　マスキング

聴覚フィルタ（バンク）の研究は，1940 年にフレッチャーがその概念を発表してから今もなおその研究が行われており，聴覚フィルタの特性は，周波数や音圧レベルによって変わることなどが知られています。また，聴覚フィルタ形状やその特性を求めるための具体的な心理物理実験の手法（**ノッチ雑音マスキング法**や**心理物理的同調曲線**）について詳しく知りたいときは，参考文献が勉強になります。

参考文献
1) B.C.J. ムーア（大串健吾 監訳）：聴覚心理学概論，誠信書房（1994）
2) 内川恵二 編：聴覚・触覚・前庭感覚，朝倉書店（2008）
3) 森周司，香田徹 編：聴覚モデル，コロナ社（2011）

（木谷俊介）

Q 39

閾値についてやさしく教えてください

研究をしているとしばしば目にする閾値とはなんでしょうか？ また，どのような種類の閾値があるのでしょうか？ その測定方法も教えてください。

A

> ざっくり言うと…
> ●物体や事象の状態が変化する境界
> ●大きく分けて絶対閾と弁別閾がある
> ●測定方法をよく考えないと値が変わる可能性がある

水をやかんに入れて火にかけたとします。すると，水の温度は徐々に上昇し，100℃を超えると水蒸気に状態が変化します。逆に製氷機に注いで冷凍庫に入れると，水の温度は徐々に下降し，0℃を超えると氷に状態が変化します。この状態が変化する境界の物理量（この場合0℃と100℃）が**閾値**です。電子回路においては，出力がON（HIGH）かOFF（LOW）かの境界を示す入力電圧を閾値と呼びます。また，プログラムにおいて，条件判定で設定する変数の値も真（true）か偽（false）かの境界を示す閾値です。神経科学の分野においても，活動電位の発生，つまり神経が発火するかしないかの境界を示す刺激強度を閾値と呼びます。このように，パラメータを変化させたときに，物体や事象が，ある状態から異なる状態に変化する境界でのパラメータの値を閾値と呼びます（分野によっては閾値ではなくしきい値と呼ぶことも多いですが，ここでは閾値に用語を統一して説明します）。

上述の例では，物理的な現象に起因する閾値をいくつか紹介しましたが，人間の心理状態に関しても閾値が存在します。心理学，その中でも心理物理学や実験心理学と呼ばれる分野で使われる閾値には，大きく分けて**絶対閾**（刺激閾）と**弁別閾**の二つがあり，ほとんどの研究において，これらの閾値をいかに

規定するかが主題となっています。ここでは音の知覚に関する心理的な閾値に絞って説明します。

絶対閾

絶対閾（刺激閾）というのは，**感覚量**が知覚される最小の物理量を指します。ですので，音の絶対閾とは，ある周波数の純音を他に音が存在しない状態で呈示したときに，音が聞こえたという感覚量が知覚される最小の音圧レベルになります。分野や用途，測定方法によって，**聴覚閾値**，**最小可聴値**，**最小可聴音圧**，**最小可聴野**などの呼び名があり，それぞれ閾値が異なる場合もありますが，概念は同じものです。

音の絶対閾は周波数によって変化するので，様々な周波数の音を一つずつ呈示して絶対閾を測定し，横軸に周波数をとって絶対閾を結んだ曲線を**聴力曲線**と呼びます。音の知覚に関する教科書には必ず記載されている（はずの）**等ラウドネスレベル曲線**の一番下の曲線が聴力曲線になります。なお，発行年の古い教科書には，当時 ISO226 として国際規格化されていたロビンソンとダッドソン（1956）の等感曲線が記載されていることが多いですが，この測定結果には大きな誤差が含まれていることが 1980 年代から指摘されていました。そこで，日本・ドイツ・デンマーク・米国の研究者による国際共同研究によって新たに多くの測定結果を集め，2003 年に新しい等感曲線が国際規格となっています。また，聴力曲線に関しては，ISO389-7 として別に国際規格化されており，例えば製品の静音設計などでは，ISO389-7 に記載されている音圧レベルを下回れば人には聞こえないと判断されます。この ISO389-7 も 2005 年に改定されています。ここで注目していただきたいのが，音の大きさに関する国際規格には，226 や 389-7 といった非常に小さい番号が割り振られている点です。この番号は国際規格の発行された順番を示しています。つまり，音が聞こえるか聞こえないかの閾値となる音圧レベルは，世界的に統一した基準を作り始めた初期の段階で，すでに規定する必要があった，音を扱ううえでの基礎となる重要な値であることがわかります。さらに，2000 年代に入っても改定を繰り返していることから，人間の心理的な閾値を測定し標準化することの難しさも見えてきます。

Q 39　閾値についてやさしく教えてください

弁別閾

　絶対閾が，感覚量を知覚することのできる最小の物理量であるのに対して，弁別閾は，二つの刺激に対する感覚量の差を検知できる最小の物理量を指します。二つの刺激の物理量の差をパラメータとして変化させる場合も多いため，**丁度可知差異**と呼ばれることもあります。例えば，物理量の異なる2 000 Hzと2 001 Hzの純音を順番に呈示しても，知覚される音の高さの感覚量は同じです。この二つの音の周波数差をどんどん広げて3 Hz程度にすると，音の高さの感覚量の差を検知できるようになります。よって，2 000 Hzの純音に対する音の高さの弁別閾（丁度可知差異）は，約3 Hzということになります（なお，ここで例示する数値は測定によって得られた正確な閾値ではありません）。しかし，同じ物理量の差をもつ4 000 Hzと4 003 Hzの純音を聞いても音の高さの差は感じられません。基準となる刺激の強度と弁別閾とには密接な関係があり，その関係性を示したのが**ウェーバーの法則**です。これは，基準となる刺激の強度を I，弁別閾を ΔI としたときに，刺激の強度にかかわらず，$\Delta I/I$（ウェーバー比）が一定の値をとる，という法則です。上述した音の高さの弁別閾で，刺激強度 I が2 000 Hzのときに弁別閾 ΔI が3 Hzだったとすると，$I = 4 000$ Hzのときには，弁別閾 ΔI は約6 Hzになります。この法則は，刺激の強度を大きくすると，差を知覚できる弁別閾も大きくなることを示しており，聴覚に限らず視覚や触覚といった他の感覚器官における多くの感覚量に当てはまります。ただし，$\Delta I/I$ がいくつになるのかは感覚量ごとに異なります。また，絶対閾付近や刺激の強度が非常に大きいところでは，このような線型性は失われることが多いですし，二つ以上の物理量に影響を受けるような感覚量では，ウェーバーの法則が当てはまらない場合もあるので注意が必要です。

閾値の測定

　閾値とは，感覚量が知覚される境界（絶対閾）や感覚量の差が知覚される境界（弁別閾）における物理量です。では，実際にこのような閾値をどのようにして求めるのかについて概説します。例として，物理量が，I と $I + \Delta I$ の二つの刺激を対にして呈示し，この二つの刺激の感覚量が同じか違うかを実験によ

って測定する場合を考えてみます.横軸にΔI,縦軸に違うという回答の出現割合をとって結果を図示したときに,**図1(a)**のように,あるΔIを境に回答の出現割合が0から1に変化したとすると,閾値が回答の転換点であることは明確です.しかし,特に閾値付近では,人によって,さらには同じ人に同じ刺激を呈示した場合でも,回答がばらつくことがあり,実際には図(b)のような形になります.このような結果から閾値を求める方法は実験の目的や方法によって変わってきますが,たいていの場合は,実験結果に**心理物理関数**(シグモイド関数など)をあてはめ,回答の出現割合が0.5となるときのΔIを閾値とします.このように書くと簡単そうですが,刺激の呈示方法や実験参加者への教示の仕方によって得られる閾値は簡単に変わってしまいます.例えば,ΔIを小さいほうから順番に呈示する,つまり同じと感じる条件から段々とΔIを大きくする呈示方法で測定した閾値は,ΔIをランダムに選んで呈示した場合の閾値に比べて大きくなる傾向があります.そのため,閾値を測定するときには,目的に合わせて,物理量の統制方法,刺激の呈示方法,実験参加者への教示方法,閾値の求め方をしっかりと考えて実験を行い,論文化する際には,必ず再現性が確保できるように明記しておく必要があります.

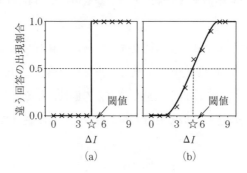

図1 閾値の測定例

参考文献

1) 境久雄,中山剛:聴覚と音響心理,コロナ社(1978)
2) 難波精一郎,桑野園子:音の評価のための心理学的測定法,コロナ社(1998)
3) B.C.J.ムーア(大串健吾 監訳):聴覚心理学概論,誠信書房(1994)

(宮内良太)

Q 40

骨伝導って何ですか？

「骨伝導（音）」って言葉を耳にすることがあります。どのように聞いているのでしょうか？ また，どんなところで使われているのでしょうか？ 骨伝導で音が聞こえる仕組みや利点を教えてください。

A

> ざっくり言うと…
> ● 骨伝導音とは骨などの生体組織を伝搬して聴く音のこと
> ● 感音メカニズムは気導音のものと同じ
> ● 伝達メカニズムは変形・慣性・外耳道放射の3分類

骨伝導は骨導とも呼ばれ，「骨を伝わって」聴こえる音，あるいはその現象のことを指します。実際には，「骨」だけでなく皮膚や皮下組織，軟骨などの生体組織を伝搬して聴こえる音・振動のことも骨伝導（音）と呼ばれます。これに対して，私たちが通常耳で聞いている空気中を伝わる音のことは**気導音**と呼ばれます。

まず，身近な骨伝導について説明します。実は，私たちは普段から骨伝導音を聴いています。それは自分の声。自分の声を聴く場合，口から空気中に発せられる気導音だけでなく，声帯振動や声道での振動が体を伝わった骨伝導音も聴いています。普段感じている自分の声と録音した声が違って感じるのはそのためです[1]。

では，なぜ骨伝導によって音が聞こえるのでしょうか。気導音の場合，空気中を伝搬してきた音は**外耳道**を通り，その奥にある**鼓膜**を振動させます。鼓膜の振動は耳小骨と連動し，あぶみ骨に接している**蝸牛**の小さな穴（前庭窓）を動かします。蝸牛には前庭窓のほかにもう一つ，蝸牛窓という薄い膜が張られた小さな穴があり，まるで油圧ポンプのように，前庭窓が押されてへこむとこ

ろの蝸牛窓が出っ張り，逆に前庭窓が引かれて出っ張ると蝸牛窓がへこみます。この前庭窓と蝸牛窓の動きのズレを引き起こす蝸牛内部の内リンパ液の流れが基底膜（⇨Q38）に振動（進行波）を生じさせます（**図1**）。基底膜の振動はさらに，基底膜上にあるコルチ器官の有毛細胞と呼ばれる音のセンサを揺らし，その結果，音の振動が神経電気信号へと変換されて脳へと運ばれます。

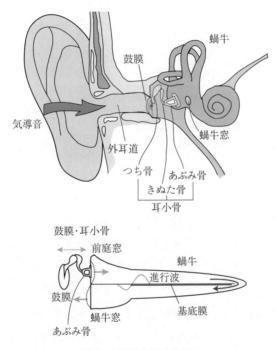

図1 気導音を聞く仕組み

一方，骨伝導については，ノーベル賞受賞者であるベケシーが1932年に「純音の気導音を，位相を調整した同じ周波数の骨伝導音によって打ち消すことができる」ことを報告しています。このことは，骨伝導でも気導と同じように蝸牛の基底膜上で振動を生じさせていることを示しています。つまり，骨伝導音と気導音は，音を感じる仕組みに本質的な違いがないのです。

では，骨伝導で基底膜の振動を生じさせる仕組みはどのようになっているのでしょうか。まず，骨伝導の経路を模式的に示すと**図2**になります。気導音と

Q40　骨伝導って何ですか？

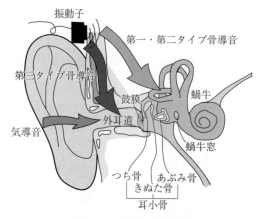

図2　骨伝導経路の模式図

比べると大変複雑な経路で蝸牛に伝達されます。ベケシー以降の研究により，骨伝導によって蝸牛基底膜上で振動を生じさせるには大きく分けて三つのタイプがあることがわかってきました。第一のタイプは**変形骨導**（あるいは圧縮骨導）と呼ばれます。内耳に伝わった振動によって蝸牛が圧縮・伸張変形し，前庭窓と蝸牛窓の動きにズレを生じさせます。第二のタイプは慣性骨導と呼ばれます。耳小骨の慣性により，内耳と耳小骨の動きにズレを生じさせます。このタイプは通常，およそ1kHz以下の低い周波数で効いているとされます。これら二つのタイプは，骨伝導と聞いてイメージするような，頭の中を伝わる振動が直接内耳を揺らすことで音が聴こえます。一方，第三のタイプである**外耳道放射骨導**では，外耳道壁が振動することにより外耳道に音圧を生じさせ，"気導音と同じように"鼓膜で振動に変換され中耳を経て**内耳**に入力されます。このタイプは通常，骨伝導音の聴こえにあまり寄与しないとされていますが，耳を塞ぐことにより，特に低い周波数で音の聴こえに大きく寄与するようになります。『アー』と声を出しながら耳を塞ぐと，低い音が強調されて聴こえるようになりますが，これは外耳道放射骨導が効いているからなのです。この現象は，「閉塞効果」として知られています。

　骨伝導での利用が適しているのはどういった場面でしょうか。まず，骨伝導の利点として，①骨伝導デバイスによって耳が塞がれない，②逆に，耳を塞い

だ状態でも骨伝導音は聴こえる，③伝音性の障がい（外耳道〜鼓膜〜耳小骨〜蝸牛の伝音経路に障がい）があっても聴こえるなどが挙げられます。そのため，耳を覆うと不都合が生じる警護や汗をかくことの多いスポーツ中の音楽聴取，水中作業などでのコミュニケーションなど，通常のイヤフォン・ヘッドフォンが使用しにくい場面で骨伝導が有効だと考えられます。また，工事現場やバイク運転，消防作業などの高騒音下でコミュニケーションが必要な場面で，状況に応じて耳を塞いでSN比を高めることにより骨伝導で効果的に音声を伝達できます。さらに，伝音性難聴者のための補聴などで骨伝導が利用されています。

最後に**骨導超音波**を紹介します。一般的に人間の聴覚で聴こえる音の周波数の上限は，20 kHz程度であるとされています。しかし，この聴覚の上限を超えるとされる20 kHz以上の音が骨伝導によって聴こえます[1]。この骨伝導で超音波を聴くメカニズムについて未解明な部分もありますが，内耳によって感じる周波数の上限は20 kHzよりも高く，気導音では20 kHz以上は中耳で大きく減衰するのに対して，骨伝導で直接内耳に振動を伝達することにより音を感じることができるのだと考えられています。この骨導超音波は，通常の補聴器が使えないような重度の**感音性難聴者**にも聴くことができる場合があるため，このような難聴者を対象とした骨導超音波補聴器の開発が行われています（図3）。

図3 骨導超音波補聴器の試作機
（提供：産業技術総合研究所）

参考文献

1) 日本音響学会 編：音のなんでも小事典，講談社（1996）

（保手浜拓也）

Q 41

エコーロケーションって何ですか？

コウモリやイルカが行う「エコーロケーション」とは，いったいどのようなものでしょうか。

A

> ざっくり言うと…
> ●発した声とその反射音を聞き比べて物体情報を得ること
> ●コウモリやイルカは超音波でエコーロケーションを行う
> ●反射音から物体の位置や相対速度などがわかる

　エコーロケーションは反響定位とも呼ばれ，コウモリやイルカが超音波を用いて行うことがよく知られています。広義の意味では，信号を送信し，その反射音（エコー）を計測することで，物体の有無や位置情報を知ることを指します。光の届かない水中に生息するイルカや，夜行性のコウモリにとって，視覚は役に立ちません。そのため視覚に代わり聴覚を利用するエコーロケーションの能力をもつようになりました。一方，エコーロケーションと同じ機能を指す技術として，SONAR（ソナー）があります。Sound navigation and ranging の略で，潜水艦や船舶に搭載され，海底の地形探査や魚群探知などに用いられます。これを人工ソナーと呼ぶならば，コウモリやイルカのことを生物ソナーと呼ぶこともあります。また妊娠中のお母さんのお腹の中にいる赤ちゃんの様子がわかる医療用超音波診断装置も，昨今なくてはならない医療技術の一つですが，原理的にはソナーと同じです。このように私たちも，コウモリやイルカと同様に超音波を利用して，"音で見る"技術を利用しています。ただしコウモリやイルカと違って，私たちが"音で見る"ためには，エコーを視覚情報に変換しなくてはいけません。エコーが有する情報をヒトにわかりやすく表示し，より詳細かつ鮮明に"見える化"するためのイメージング技術の研究も非常に重要な分野です。

ではエコーロケーションについて、コウモリを例に詳しくみていきましょう。コウモリは声帯を使って超音波を口または鼻孔から出します。そして左右の耳でエコーを聞きます。日本キクガシラコウモリは鼻孔から超音波を出しますが、その周辺には鼻葉と呼ばれる複雑な形状をした「ひだ」が取り囲んでいます(図1)。スピーカのコーンのような働きをし、超音波のビームの形状や方向を調整していると考えられ

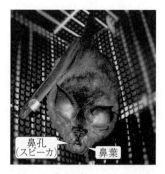

図1　日本キクガシラコウモリ

ています。ちなみにイルカは前頭部(おでこ)にある「メロン体」と呼ばれる脂肪組織から超音波を放射し、下顎の骨を通じてエコーを聞いています。

コウモリやイルカはどうして超音波を使うのでしょうか。センシングの分野では一般的に、エコーから物体を検知するためには、送信する信号の波長が、検知したい物体の大きさ程度になる必要があります。コウモリがエコーロケー

周波数	空気中の波長 (音速 340 m/s)	水中の波長 (音速 1 500 m/s)
10 Hz	34 m	150 m
100 Hz	3.4 m	15 m
1 000 Hz	34 cm	1.5 m
10 000 Hz	3.4 cm	15 cm
100 000 Hz	3.4 mm	1.5 cm
1 000 000 Hz	0.34 mm	1.5 mm
10 000 000 Hz	0.034 mm	0.15 mm

(左:周波数が高くなる　右:波長が短くなる)

図2　周波数と波長の関係

ションに用いる超音波の周波数はおおよそ 20 kHz～200 kHz ですので、空気中の音速を 340 m/s とすると、1.7 mm～1.7 cm の波長となります(図2)。これはコウモリが捕食する昆虫や蛾を発見するのにちょうどよい長さとなっています。ちなみに水中や生体内部を伝搬する音波の音速は 1 500 m/s 程度とさらに速くなります。イルカは 10 kHz～150 kHz の超音波を放射し、餌となる魚を捕らえています。またお腹の中の小さな赤ちゃんを診る医療用超音波診断装置では、数 MHz の超音波を用いています。いずれも見たいものの大きさにあった波長の超音波を使用しています。

それではエコーロケーションによって、どんな情報が得られるのでしょうか。まず信号を送信した後、物体からのエコーが届くまで時間 ΔT (エコー遅延) から、物体までの距離 d がわかります ($d = \Delta T c/2$、ただし c は音速)。

Q 41　エコーロケーションって何ですか？

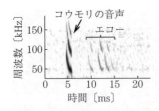

図3　飛行中のコウモリが放射したエコーロケーション音声と周囲からのエコー

図3はアブラコウモリに小型のワイヤレスマイクロフォンを取り付け，実験室内を飛行させた際のエコーロケーション音声とそのエコーです。アブラコウモリは日本に広く分布し，初夏から秋の夕暮れ時に街中でもよく見かけるコウモリです。エコーロケーション音声は 100 kHz から 40 kHz に降下する数ミリ秒ほどの**周波数変調**（frequency modulated, FM）**音**で，ヒトの音声と同様に倍音が伴います。図3からはコウモリが超音波を発声した後，複数のエコーがコウモリに届いていることがわかります。コウモリの脳内には，それぞれのエコー遅延に応じて異なる神経細胞が反応するため，物体までの距離情報がこれによって復元（コーディング）されているのです。またアブラコウモリの音声は時間長が短く，また**周波数帯域幅**も広いことから，**時間分解能**が高く，距離の計測には有利です。さらに物体の方向もエコーロケーションによって知ることができます。コウモリの場合，両耳に届くエコーの音圧差（時間差についてはまだよくわかっていません）から，物体の方向も検知しています。

図4は日本キクガシラコウモリのエコーロケーション音声です。**基本周波数**よりも 70 kHz 付近に見える第2倍音の成分が強く放射されています。さきほどのアブラコウモリとは違い，周波数が一定（constant frequency, CF）の長い信号と，その前後には短い FM 音が伴っていることがわかります。一般的に，わずかな周

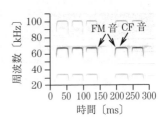

図4　日本キクガシラコウモリのエコーロケーション音声

波数変化を検知するには，時間長の長い CF 音を用いるほうが有利となります。**図5**はスピーカから CF 音を放射し，飛び立たないように保持した蛾からのエコーを記録したものです。蛾は羽ばたきを繰り返していますが，その繰返し周期に応じて 1～2 kHz 程度の周波数変動が CF 音に生じています。高校の物理では，音源と反射体との相対速度に応じた**ドップラー効果**によって，エコ

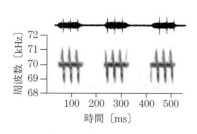
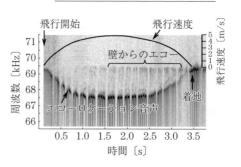

図5 羽ばたく昆虫からのエコー(上：振幅波形,下：スペクトログラム)

図6 飛行中のドップラーシフト補償行動

ーの周波数が変動する（**ドップラーシフト**）ことを習いました。蛾の小さな羽の動きによっても，ドップラーシフトは起こります。コウモリはこのわずかな周波数変動を手掛かりに，獲物となる昆虫を検知していると考えられています。

最後に，コウモリのエコーロケーションで最もユニークな行動をご紹介します。図6は飛行中の日本キクガシラコウモリのエコーロケーション音声です。これより，コウモリが飛行速度に応じて放射する超音波の周波数を低下させていることがわかります。その一方で，コウモリが向かう正面の壁からコウモリに届くエコーの周波数は変化していません。コウモリは飛行によって生じるドップラーシフトを，発声する超音波の周波数を調整することでキャンセルし，エコーの周波数が常に一定になるように補償しています。これを「ドップラーシフト補償行動」と呼びます。この種のコウモリの聴覚系は，補償されたエコーの周波数付近に非常に高い感度を持っています。これにより，図5で示したような羽ばたく昆虫からのわずかな周波数変動を検知することが可能となるのです。

参考文献

1) J.D.オルトリンガム：コウモリ―進化・生態・行動，八坂書房（1998）
2) 海洋音響学会 編：海洋音響の基礎と応用，成山堂書店（2004）
3) 船越公威，福井大，河合久仁子，吉行瑞子：コウモリのふしぎ，技術評論社（2007）

（飛龍志津子）

Q 42

パラメトリックスピーカの原理と応用を教えてください

パラメトリックスピーカは，どのような原理で動作し，そして応用されているのでしょうか。

A

> ざっくり言うと…
> ●空気中での波形歪みを利用したスピーカ
> ●特定範囲に可聴音を再生し，サイドローブがほぼない
> ●超音波を音楽などの聞かせたい音で変調する

パラメトリックスピーカは**超音波**を利用した**超指向性スピーカ**です。非常に鋭い指向性をもち，局所的に音響情報（音声・音楽など）を伝達できます。**図1**はそのイメージ図です。図（a）の一般的なスピーカは，**可聴域**の周波数を再生する場合比較的広い範囲に音響情報を伝達します。一般的に周波数が高くなると指向性が強くなりますが，**可聴周波数**では指向性はそれほど強くありません。一方，指向性スピーカは，可聴周波数の音も図（b）のように局所的に再生させ，音響情報を特定の方向に伝達します。パラメトリックスピーカは，指向性スピーカの一つです。

パラメトリックスピーカの原理ですが，それには音波の**音速**について考える

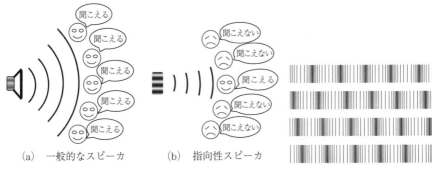

(a) 一般的なスピーカ　　(b) 指向性スピーカ

図1　音波の指向性について　　　　図2　音波伝搬のイメージ

必要があります。音波は，バネのように振動しながら伝わる弾性波です。**図2**はそのイメージ図です。ある時刻に媒質に圧力が加わると，その部分は一瞬圧縮され周りよりも密度が濃くなります。この圧縮された部分がバネのように元に戻るとき，隣の媒質を押し，その部分が同様に圧縮され周りよりも密度が濃くなります。これが繰り返され，ドミノ倒しのように密度が濃い部分が移動し，密度の薄い部分も同様に移動します。音波はこのようにして，空気の密度が疎（薄い）部分と密（濃い）部分が発生し，振動し

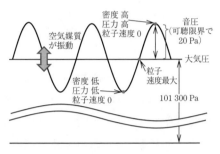

図3　音圧のイメージ図

ながら伝わります。さて，このような空気媒質の振動の速度を粒子速度（⇨Q08）と呼び，音圧が大きいほど大きくなります。音圧は大気圧からの変化分ですので，これらを図示すると**図3**になります。一方，音速 c は以下の式で示されます。

$$c = \sqrt{\frac{\gamma P_0}{\rho_0}} + \frac{\gamma+1}{2} u \qquad (1)$$

ここで，γ は比熱比，P_0 は大気圧，ρ_0 は大気圧での空気の密度，u は**粒子速度**です。この式から音速は，圧力と密度以外に粒子速度にも依存していることがわかります。式（1）を踏まえた音速のイメージを**図4**に示します。まず，**可聴限界**以下の弱い音波では粒子速度は非常に小さく振幅は無視できるため，式（1）の第一項のみに近似できます。つまり，図（a）のように音速が粒子速度の振幅によって変化しません。一方，音圧がきわめて高い音波になると粒子速度も極端に大きくなり，音速が粒子速度の振幅を無視できなくなります（図（b））。このような音波は**有限振幅音波**と呼ばれ，伝搬するに伴い振幅の

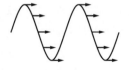

(a)　粒子速度の影響小

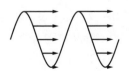

(b)　粒子速度の影響大

図4　粒子速度の振幅値による音速の違い

Q.42 パラメトリックスピーカの原理と応用を教えてください

小さい部分は遅いため遅れていき，振幅の大きな部分は速いため進むので，伝搬に伴い前のめりに変形し，波形が図5に示すように鋸波と呼ばれる波形に近くなります。これを**波形歪み**と呼びます。

図5　伝搬に伴う波形歪み

さて，この波形を**周波数解析**すると，基本となる音波（1次波）以外に1次波の整数倍の周波数の音波（2次波）が発生することがわかります。具体的には弱い音波のときは，1次波（f）のみ，強い音波のときは1次波に加えて2次波（$2f, 3f, 4f, \cdots$）として放射音波周波数の整数倍の**高調波**が生じることになります。さて，ここで1次波として周波数のわずかに異なる2種類（例えば周波数 f_1, f_2）の極端に強い音波を同方向に，同時に二つのスピーカから放射します。すると各々の高調波（$2f_1, 2f_2, 3f_1, 3f_2, \cdots$）に加え，結合音（放射音波の和や差周波数（$f_1+f_2, f_1-f_2, 2f_1-f_2, 2f_1+f_2, \cdots$）の音波）も2次的に発生します。ここで，1次波として超音波を利用すると，差音は1次波が発生する狭い伝搬領域内でのみ生じることになります（図6）。これはアンテナ工学における**エンドファイアアレイ**（縦型アレイ）に似ており，**パラメトリックアレイ**とも呼ばれています。

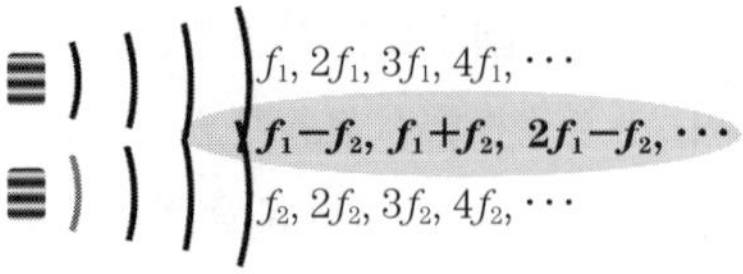

図6　わずかに異なる2周波数による音源の駆動

図7　パラメトリックアレイ

また，パラメトリックスピーカの大きな特徴の一つに指向性音源につきものの**サイドローブレベル**が小さいことがあります。このため差音周波数 f_1-f_2 が非常に狭い範囲のみに発生します。この差音が可聴域の周波数であれば，この差音のみが聞こえることになります。なお，f_1, f_2 は超音波ですから発生していますが，聞こえません。（図7）さて，このままでは差音の単音のみしか聞こえませんので，音楽などの再生には音源駆動に工夫が必要となります。音

楽再生を実現するには,まず1次波の周波数を選定します。この1次波は,指向性を決め,そして音楽を搬送するので**キャリア**(英語のcarry:運ぶ)超音波と呼ばれ,その周波数はキャリア周波数(f_c)と呼ばれます。このキャリア超音波を再生したい音楽信号(周波数f_s)で**振幅変調**し,音源から放射します。これは,電波の中に音声信号を乗せてアンテナから発信し,ラジオなどで受信再生する**振幅変調方式**(amplitude modulation = AM方式)と同じです。
さて,1次波としてキャリア成分(f_c)とサイドバンド成分($f_c \pm f_s$)が放射され,差周波数成分として**可聴音**(周波数f_s)が生成されます。パラメトリックスピーカから上記の音波を放射すると,媒質(この場合,空気)の**非線形**性により,変調波自らが空間内で音楽信号を自己復調し,音楽が再生されることになります。以上が,パラメトリックスピーカの原理です。

パラメトリックスピーカに使用される超音波音源は,超音波スピーカとは呼ばれず,**超音波エミッタ**(英語のemit:放射する),**超音波振動子**と呼ばれます。様々な種類がありますが,パラメトリックスピーカに使用される超音波振動子は直径10〜20mm程度の空中超音波用振動子を用いることが多いです。また,その出力を大きくするために複数個使用します。**図8**がその外観図です。

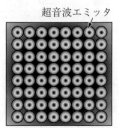

図8 パラメトリックスピーカ外観の一例

パラメトリックスピーカの使用例ですが,美術館や博物館における各ブースの説明,交差点の音響信号,駅ホームに設置されたスピーカからのアナウンスが挙げられます。これらは,周りへの**騒音レベル**を下げるのに非常に有効です。そのため,清水寺などでも使用されています。また,**アクティブノイズコントロール**用にも応用されています。

参考文献
1) 鎌倉友男:非線形音響学の基礎,愛知出版(1996)
2) 鎌倉友男,米山正秀,池谷和夫:パラメトリックスピーカの実用化への検討,日本音響学会誌,**41**,6,pp.378(1985)
3) 鎌倉友男,酒井新一:パラメトリックスピーカの実用化,日本音響学会誌,**62**,11,pp.791-797(2006)

(大隅 歩)

Q 43

音響放射力って何ですか?

音響放射力(音響放射圧)とはいったいどんな力ですか。それはどのようなときに発生して,どれくらいの力がありますか。

A

> ざっくり言うと…
> ● 音圧が大きくなると発生する定常的な力のこと
> ● 音圧の二乗を媒質の弾性率で割ったくらいの圧力
> ● 空中では 2 kPa(160 dB)で一円玉の重さくらいの力

超音波振動子を大出力で駆動したり,箱のような閉じた空間で音場を共振させたり,放物面などを用いて音を集束させたりして,音圧がある程度大きくなると,音と接している物体表面に定常的な力が働くことがあります。この力を**音響放射力**と呼びます。ここでは,音響放射力がどのようなものか,どのように使用するのか,そしてなぜ発生するのかの三点について説明します。

音響放射力とは

図1に示すように音圧 p 〔Pa〕の**平面音波**を剛壁で遮った場合,音響放射力 P_R は,壁面を押す方向に次式のような単位面積あたりの力〔N/m²〕です。

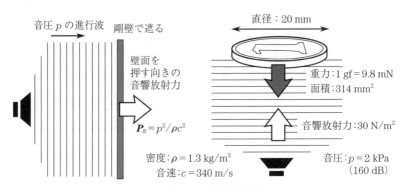

図1 平面音波が剛壁に及ぼす音響放射力とその大きさ

$$P_R = \frac{p^2}{\rho c^2} \tag{1}$$

ρ は媒質の密度〔kg/m³〕，c は媒質の音速〔m/s〕です．P_R は圧力〔Pa〕と同じ単位であるためしばしば**音響放射圧**とも呼ばれます．音響放射力は音の振幅の二乗に比例します．このため，一般的な**可聴音**の**音圧レベル**では音響放射力の効果はほとんど現れず，超音波音源などで放射される 140 dB を上回る音波において実質的な効果が出始めます．これは電車の高架下の**騒音レベル**が 100 dB であることを考えればとても大きな音であることがわかります．具体的な数値としては，2 kPa（160 dB）の空中平面音波が剛な壁面に与える音響放射力は約 30 N/m² です．これは，直径 20 mm，重量 1 g の一円硬貨を平らに置いたときにかかる面積あたりの重力と同じくらいの力です．

一般的な音響放射力 F_R〔N〕を求めるときは，物体表面で P_R を面積分します．

$$F_R = -\int P_R dS, \quad P_R = \left(\frac{\langle p^2 \rangle}{2\rho c^2} - \frac{\rho \langle v^2 \rangle}{2}\right)\boldsymbol{n} + \rho \langle (\boldsymbol{v}\cdot\boldsymbol{n})\boldsymbol{v}\rangle \tag{2}$$

$\boldsymbol{v}$ は**粒子速度**〔m/s〕，$\boldsymbol{n}$ は物体表面外向きの法線ベクトル，$\langle \cdots \rangle$ は時間平均の操作を表し，p がゼロ-ピーク振幅のとき $\langle p^2 \rangle = |p|^2/2$ です．

三次元の音場や形状における音響放射力を求めたい場合は，**数値計算**（⇨Q22）で音場を求めた後に，物体表面を微小面積に分割して総和をとることで音響放射力を求めることができます．

どのように使うのか

音響放射力の利用には音圧の測定（**放射圧法**）や，**音波浮揚**，**音響ピンセット**，液体レンズ，微粒子の位置制御などがあります．これらの応用の一部には，空間中に特定の**音場モード定在波**（⇨Q07）を励振し，音響放射力の安定な釣合い点を用いて，物体を空間上の所望の点に捕捉する効果が利用されています．

音響放射力の安定な釣合い点の予測には，面積分を必要とする式（2）よりも，音響放射力の作用する対象がいない場合の音場を用いて整理した式をよく用います．例えば，平面定在波 $p = p_0 \cos kx$，（k は角周波数〔rad/s〕）中に半径 a〔m〕の球を配置した場合の放射力は，力学的ポテンシャル Φ_R の勾配

Q 43 音響放射力って何ですか？

を用いて

$$F_R = -\frac{\partial \Phi_R}{\partial x}, \quad \Phi_R = Y_s \frac{\pi a^2}{2k} \frac{p_0^2}{4\rho c^2} \cos(2kx) \tag{3}$$

です。ここで，Y_s は材料と ka により決まる放射力関数です。Y_s の実際の式は参考文献にありますが，空中や水中で固体を捕捉する場合は正で，水中で小さな気泡を捕捉する場合には負になります。**図2** に音響放射力を用いて定在波音場中で粒子を補足する場合の模式図を示しますが，安定な釣合い点はポテンシャル Φ_R が下に凸となる点であり，対象物体が固体の場合は音圧定在波の節に，気泡の場合には**定在波**の腹に捕捉されます。

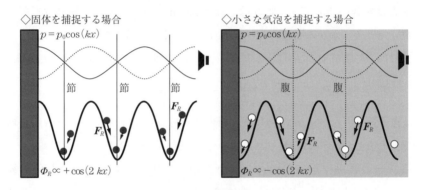

図2 定在波音場中での音響放射力による粒子の捕捉

なぜ発生するのか

一周期に正圧と負圧でトータルゼロの交流であるはずの音波に，直流成分である音響放射力が発生する理由はなぜでしょうか。それは音を伝える媒質粒子の振動が大きくなると，振動の行きと帰りで粒子が受ける復元力に違いが出るためです。

図3 に X の正方向からの片振幅 p_0 の平面音波が $X=0$ の壁面で反射した場合の粒子が受ける復元力について示します。このとき，固定端反射の定在波は

$$p = 2p_0 \cos kx \sin \omega t \tag{4}$$

ω〔rad/s〕は角周波数です。このとき注意する点として，媒質粒子の位置 x ももともとの位置 X から音の振動に従い振幅 $2u_0$〔m〕だけ変位します。

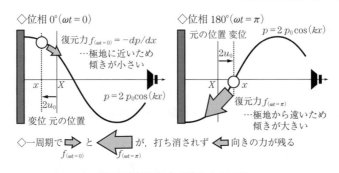

図3 音響放射力の発生する原理

$$x = X - 2u_0 \sin kX \sin \omega t \tag{5}$$

媒質粒子の復元力 f〔N/m³〕は圧力の勾配で表されます．このとき式（4）中の x を式（5）より X で置き換えて級数展開すると，正弦波 $\sin \omega t$ の二乗の項が現れます．

$$f = -\frac{\partial p}{\partial x} = 2p_0 k \sin kx \sin \omega t$$

$$\simeq 2p_0 k[\sin kX \sin \omega t - u_0 k \sin 2kX \sin^2 \omega t] \tag{6}$$

時間平均をかけると一項目は0となりますが，二項目は定常分が残ります．

最後に $p_0 = \omega u_0/\rho c$ の関係（⇨Q08）と，壁から定在波の節である1/4波長（$= \pi/2k$）までの復元力を積算して

$$\boldsymbol{P}_R = \int_0^{\pi/2k} \langle f \rangle dX = -\int_0^{\pi/2k} p_0 u_0 k^2 \sin(2kX) dX = -\frac{p_0^2}{\rho c^2} \tag{7}$$

壁を押す向きがマイナス側なので負号が付きましたが，式（1）と同じ大きさの壁を押す定常的な力，つまり音響放射力を導出することができました．

このような音の**非線形**な作用には音響放射力の他に，**高調波**が励起されて波形が歪む現象（⇨Q42）や，媒質自身の流れが駆動される音響流などが知られています．

参考文献

1) 鎌倉友男 編著：非線形音響-基礎と応用，コロナ社（2014）
2) 超音波便覧編集委員会：超音波便覧，丸善（1999）
3) 長谷川高陽：球に作用する音響放射圧，日本音響学会誌，**27**, 2, pp.95-104（1971）

（和田有司）

Q44

振動子のアドミタンスループとは何ですか？

そもそも振動子とは何ですか。アドミタンスループを測定すると何を知ることができるのでしょうか。どのように測定するのでしょうか。

A

> ざっくり言うと…
> ● 振動エネルギーを電気エネルギーに変換できる素子
> ● アドミタンスループは共振周波数を知るためのグラフ
> ● 振動子を手に入れたら最初に測定するグラフ

振動子は，電圧を振動に変換するための素子です。また，反対に，振動を電圧に変換できる素子でもあります。**図1**は，最も身近な振動子である圧電性材料と金属板から構成される**圧電振動子（圧電ブザー）**です。圧電振動子は，交流電圧（周期的に大きさの変化する電圧）を加えることにより振動し，音を発生させるものです。圧電振動子が振動する原理は，圧電性材料に電圧を加えることで，圧電材料中の結晶のイオンが動き，それに伴い材料自体の形状が変化することを用いています。これより，交流電圧を加えることにより，変形も周期的になり，振動します（**図2**）。なお，反対に，振動を加えることでイオンを動かし，交流電圧を生じさせることもできます（**図3**）。

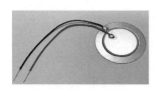

図1　圧電振動子

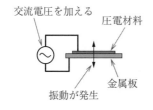

図2　電圧から振動を発生

図3　振動から電圧を発生

Q 44 振動子のアドミタンスループとは何ですか？

このような振動子は，最も振動しやすい周波数（**共振周波数**）が存在します。振動子は，共振周波数で振動させることが最も効率的です。**アドミタンスループ**は，振動子の共振周波数を知るためのグラフです。

まず，アドミタンス Y は，電圧に対する電流の流れにくさを表す電気インピーダンス Z（単位は〔Ω〕）の逆数であり，$Y = 1/Z$（単位は〔S〕）で表されます。つまり，電圧に対する電流の流れやすさを表す値です。アドミタンス Y は，複素数で，その実数部をコンダクタンス G（単位は〔S〕），虚数部を**サセプタンス** B（単位は〔S〕）と呼んでおり，$Y = G + jB$ です。振動子の振動は，流れる電流の大きさに比例しますので，振動子のアドミタンスは，その大きさが大きいほど振動しやすいことを表しています。

振動子のコンダクタンスとサセプタンスを測定することにより，アドミタンスループは求められます。コンダクタンスとサセプタンスの一番簡単な測定方法は，**インピーダンスアナライザ**を用いる方法です（**図4**）。インピーダンスアナライザを用い，振動子に加える信号の周波数を変化させて，コンダクタンスとサセプタンスの測定を行います。コンダクタンスと

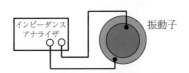

図4 コンダクタンスとサセプタンスの測定イメージ

サセプタンスの測定は，簡単に説明すると，信号の電圧，振動子に流れる電流，および電圧と電流の位相差よりインピーダンス Z を求め，逆数のアドミタンス Y から求めています。なお，測定の際の周波数の間隔は，アドミタンスループとして表した場合に，円形が描ける値である必要があります。間隔が粗い場合は，多角形になってしまいます。例として数〜数十 kHz の範囲で共振周波数をもつ振動子の場合は，数 Hz 程度の測定間隔が好ましいです。また，加える信号の電圧は，定電圧で小さい値とします。大きな電圧では振動子に流れる電流が大きくなり，振動子が発熱するからです。これにより，測定中に共振周波数が変化する可能性があります。そのため，測定の際は，まずは小さい電圧で測定を行い，必要ならば徐々に電圧を上げて測定を行うようにします。例として，数〜数十 kHz の共振周波数をもつ振動子の場合は，まず 1 V 程度か，それ以下の値で測定することが好ましいです。

Q 44 振動子のアドミタンスループとは何ですか？

アドミタンスループは，振動子の周波数毎に測定したコンダクタンスとサセプタンスの値をそれぞれ横軸と縦軸としてプロットして点をつないだグラフです。その一例が**図5**です。図のように，円を描くことからアドミタンスループと呼ばれています。しかし，このままでは共振周波数もわかりません。そこで，各周波数に対する振動子のコンダクタンスとサセプタンスの結果（**図6**）より，以下に示す重要な値を求め，それをループに書き込んでいきます。

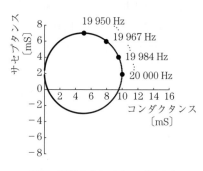

図5 アドミタンスループその1　　**図6** 周波数に対するコンダクタンスとサセプタンス

重要な値は五つあります。まず，共振周波数である f_0 はコンダクタンスが最大となる周波数です。そして，f_0 となるときのコンダクタンスが Y_{m0} で，大きいほど共振時に電圧に対して電流が流れやすいことを表しており，振動しやすいことを表しています。そして，サセプタンスが最大となる周波数 f_1 と，最小となる周波数 f_2 についてですが，これらの値は，振動子の共振の鋭さを表す尖鋭度 $Q\left(=\dfrac{f_0}{f_1-f_2}\right)$ を求めるのに必要になります。この値は，大きいほど損失は小さいが共振状態を維持しにくい振動子であることを表し，反対に小さいほど損失は大きいが共振状態を維持しやすい振動子であることを表しています。最後に，共振周波数のときのサセプタンスを表す $2\pi f_0 C_d$ です。この値は，圧電振動子で考えた場合は金属板と圧電材料によって生じたコンデンサ容量 C_d を求める場合に使用します。これらの値をすべて記入したアドミタンスループを**図7**に示します。

アドミタンスループを見て，振動子の特性を判断する材料としては，その形

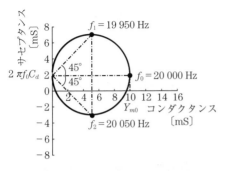

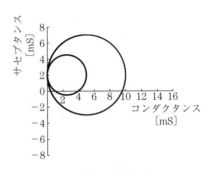

図7 アドミタンスループその2

図8 複数の綺麗なループ

状があります。ここでは簡単にわかるループの形状による振動子の特性を説明します。まず，図7で示したような単一のループとなる場合は，測定を行った周波数範囲で共振周波数が一つしかない振動子になります。次に，**図8**に示すような複数のループが描かれている場合は，共振周波数が離れた位置に複数ある振動子です。このような振動子は，複数の共振周波数が離れていますので，扱いやすい振動子と言えます。

一方，**図9**に示すような，いびつな形状のループとなる場合は，複数の共振周波数が近接している場合に描かれます。この振動子は，共振周波数が接近しているため，どの共振周波数で振動させているかしっかりと確認する必要があります。

振動子とは，振動↔電気の変換ができる素子です。振動子は共振周波数で振動させるのが最も効率的です。そのため，

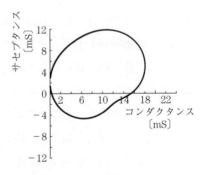

図9 いびつな形状のループ

アドミタンスループを測定して共振周波数を調べます。そして，振動子がどのような特性を持っているかアドミタンスループから把握しましょう。

参考文献

1) 実吉純一，菊池喜充，能本乙彦：超音波便覧，日本工業新聞社（1960）
2) 超音波便覧編集委員会：超音波便覧，丸善（1999）
3) 三浦光：ポイントで学ぶ電気回路—直流・交流基礎編—，コロナ社（2015）

（淺見拓哉）

Q 45

音波の伝搬時間はどのように計測すればいいですか？

音波の伝搬時間から物体までの距離や媒質内の音速を求めたいのですが，計測手法にはどのようなものがあるのですか。

A

> ざっくり言うと…
> ●時間幅の短いパルス波を送受信して計測する
> ●雑音が多い環境ではパルス圧縮を行う
> ●微小な変化は計測間での位相差から計算する

音波を用いて空間情報を可視化する手法には，物体から反射した音波（**エコー**）などの波動情報を直接画像化する手法や，物体までの距離や媒質内の音速といった物理量を計測し，それらの計測結果を画像化する手法などがあります。特に後者の手法では，音波の**伝搬時間**（TOF：time of flight）を計測することで，**伝搬経路**の長さ（距離）や**伝搬速度**（音速）を計算します。TOFの計測には，時間幅の短いパルス波などを送受信してTOFを計測するパルスエコー法がよく用いられています。**パルスエコー法**では，**図1**のように受信信号のピークやその付近の**ゼロクロス**，**振幅包絡線**のピークなどから**パルス波**を受信した時間を決定し，送信した時間との差から音波のTOFを計算します。受信した音波の信号対雑音比（**SNR**：signal to noise ratio）が十分大きく，受信信号の時間分解能が十分高い場合は直接TOFを決定することができますが，雑音が多い場合や**サンプリング周波数**（⇨Q01）が低い場合は何らかの

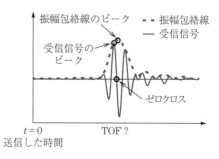

図1 パルス波を送信した場合の受信信号

信号処理を行う必要があります。

雑音が多い環境での計測では，パルス波の替わりに周波数掃引変調した信号や擬似ランダム符号列でコード化した信号などを送信し，受信した信号と送信した信号との相関処理を行う**パルス圧縮**を適用することで，SNR や**分解能**を向上させることができます。**ディジタル信号処理**における相関処理（積和演算）は以下のように表すことができます。

$$c(t) = \frac{1}{N}\sum_{i=0}^{N-1} s(t+i) \cdot r(i) \tag{1}$$

ここで，$c(t)$：**相関関数**，$s(t)$：受信信号，$r(i)$：送信信号，N：送信信号の長さです。

送信信号と受信信号が等しい場合の相関関数は**自己相関関数**，異なる場合の相関関数は**相互相関関数**となります。**周波数掃引変調信号はチャープ信号**とも呼ばれ，代表的なものは**図2**のように周波数が時間に対して線形に変化する**線形周波数変調**（LFM：linear frequency modulated）信号です。その自己相関関数は $t=0$，つまり二つの信号が重なる場合に高い相関値となり，それ以外の場合は低い相関値となります。また，0 や 1 などの 2 値で表される擬似ランダム符号列には，**M 系列**や **Gold 系列**，**嵩系列**などがあります。**図3**のように各符号（0 か 1）に応じて振幅を変調（コード化）した正弦波を送信信号とすると，その自己相関関数は $t=0$ の場合に高く，それ以外の場合は低くなります。パルス圧縮では，送信信号に無相関な信号との相関値も低くなるため，雑

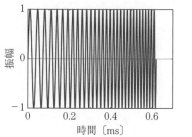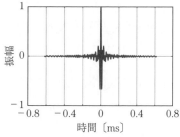

図2 0.62 ms の間に周波数が 25 kHz から 75 kHz まで線形に変化する LFM 信号とその自己相関関数

Q 45 音波の伝搬時間はどのように計測すればいいですか？

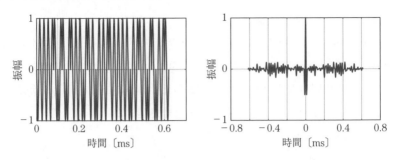

図3 5次M系列（31符号）で振幅変調した50 kHzの正弦波とその自己相関関数

音の影響を低減することができます。

　TOFの分解能は受信信号のサンプリング周波数で決まりますが，**図4**のように一定の時間間隔でパルスエコー法による計測を行い，計測間での**位相差**を求めることで，分解能以下の微小な変化を計測することができます。計測間での位相差を求める場合，まず受信した信号から**ヒルベルト変換**や直交検波などによって解析信号（複素信号）を取得します。受信した実数信号を$A(t)\cos(\omega t + \varphi)$とすると，ヒルベルト変換を行うことで以下のような解析信号 $h(t)$ が得られます。

$$h(t) = A(t)\{\cos(\omega t + \varphi) + j\sin(\omega t + \varphi)\} = A(t)\exp\{j(\omega t + \varphi)\}$$
(2)

ここで，$A(t)$：受信信号の振幅情報，ω：受信信号の角周波数，φ：受信信号

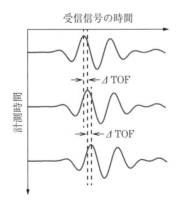

図4 計測間での位相差から計測するTOFの微小な変化

の初期位相です.

そして，この解析信号と一つ前の計測の解析信号の複素共役との積における位相角から以下のように計測間での位相差を求めることができます.

$$A(t)\exp\{j(\omega t + \varphi)\} \cdot A'(t)\exp\{-j(\omega t + \varphi')\}$$
$$= A(t) \cdot A'(t)\exp\{j(\varphi - \varphi')\} \tag{3}$$

ここで，φ'：一つ前の計測での初期位相，$A'(t)$：一つ前の計測での振幅情報です.

TOFの変化量は位相差に信号周期を掛けることで計算することができます.例えば，サンプリング周波数 500 kHz，パルス波の中心周波数 50 kHz で計測を行う場合,**図5**のように2 μs のサンプリング間隔に対してTOFの変化量が1 μs だとすると，受信信号からそれらを計測・判別するのは非常に困難です.しかしながら，計測間での位相差はパルス波のピーク付近である 0.06 ms のときに-0.32 rad となり，信号周期を 20 μs としてTOFの変化量を計算すると 1.02 μs となります.以上のように計測間での位相差を用いることで，**時間分解能**以下のTOFの変化も計測することができます.

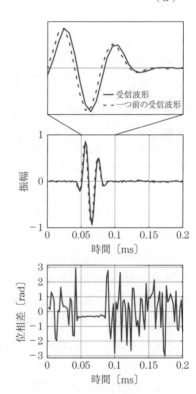

図5 サンプリング周波数 500 kHz，パルス波の中心周波数 50 kHz で，計測間でのTOFの変化量が1 μs の場合の受信波形と計測間での位相差

参考文献

1) 秋山いわき, 蜂屋弘之, 坂本慎一：アコースティックイメージング，コロナ社（2010）

（平田慎之介）

Q 46

超音波振動子の指向性ってどうやって決まるのですか？

超音波の直進性を表す指向性はどのような条件で決まるのですか？

A

> ざっくり言うと…
> - 指向性は振動子の中心軸上から一定量音圧が低くなる角度で評価する
> - 振動子の中心軸上は直接波と回折波が重なり音圧が変動する
> - 基本的には振動子幅や波長によるが，連続波では複雑である

超音波の送受信を行う部品を**振動子**と呼び，人体内部や建築物内部の検査に利用されています。振動子，配線などを組み立てたものを**超音波探触子**や**超音波プローブ**と呼びます。**超音波振動子**の振動面から送信された超音波は広がりながら伝搬しますが，広がり方は振動子の大きさなどの条件で変化します。超音波の広がりにより送信したい方向以外に超音波が送信されるため振動子の**指向性**を把握する必要があります。ここでは基本的な超音波の伝搬と指向性の定義，**連続波**の超音波伝搬，理論と実際の違いの三点を解説します。

超音波の伝搬と指向性の定義

まず**平面板**が一様に動いて平面的な超音波が振動子から送信された場合，どのような挙動をしているのか理解しましょう。**図1**で説明します。平面振動子から1波の超音波（**パルス波**）を送信した場合は直接波が発生します。直接波は振動子の表面形状と同じですので平面振動子の場合は図（a）のように平面波となります。さらに直接波の両端部から外側と内側に**回折波**（一般的には**エッジ波**と呼ばれる）と呼ばれる球面状の超音波が発生します。外側回折波は直接波と同位相，内側回折波は直接波と逆位相になります。図（b）は平面振動子に正だけのパルスを印加したときの**有限積分法**によるシミュレーションです。正の音圧を白，負の音圧を黒で表示していますが，直接波と外側回折波は白で正，内側回折波は黒で負の音圧となっており直接波，外側回折波と内側回折波

Q 46 超音波振動子の指向性ってどうやって決まるのですか？

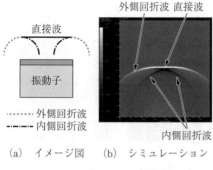

図1 振動子から送信される超音波　　図2 振動子中心軸上の音圧（パルス波）

は逆位相になっています。そのため，振動子中心軸上では直接波と内側回折波の伝搬経路差が半波長の場所で重なり，音圧が大きくなります。この場所は**近距離音場限界**と呼ばれる場所とほぼ同等です。教科書では回折波を考慮することが少ないので，パルス波の場合近距離音場では音圧が一定とありますが，実際は**図2**のように近距離音場限界付近で音圧が大きくなります。詳細については文献1) にあります。

回折波は広がるほど音圧が徐々に低下します。低下率を定義する必要があり，例えば振動子中心軸上から 50％音圧が低下する角度を指向性として求めます。図2のように探触子中心軸上の音圧は一定ではないのでシミュレータなどで相対的に 50％音圧が低下する角度を調べます。

連続波の音場

工学の式は前提条件や仮定があり一定条件下でのみ成立する近似式です。超音波の理論では連続波という仮定であることが多いです。連続波では図1(a) の波が連続的に送信され**図3**のようになります。内側回折波を右側だけ描いていますが，1 波の内側回折波が 2 波以降の波と重なります。内側回折波は逆位相ですので直接波や外側回折波との伝搬経路差が半波長や 1.5 波長のとき音圧が強め合い，波長の整数倍で弱め合います。**図4**は連続波（波数 30）とパルス波のシミュレーション結果で，連続波では音圧の大きい部分（白）と小さい部分（黒）が交互に発生しています。先頭と最後尾の波は回折波が重なりませんので音圧変化は発生していません。また，探触子中心軸上において近距離音場限界より手前では直接波と 2 波以降の内側回折波が重なり，2 波以降の音圧が変動

Q 46　超音波振動子の指向性ってどうやって決まるのですか？

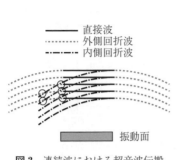

図3　連続波における超音波伝搬

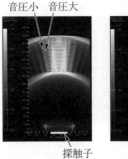

図4　連続波とパルス波の音場

します。指向角の評価法はまだ確立されていませんので，パルス波と同様にシミュレータなどで中心軸から50％音圧が低下する角度を求めることを薦めます。

理論と実際の違い

ここまで連続波の挙動を説明しましたが，理論やシミュレーションでは実際の探触子や超音波伝搬から省略，簡略化しているものがあります。そのため，どこが異なるか見極める必要があります。以下にその例を示します。

①連続波かパルス波か

近距離音場が複雑，**フェーズドアレイ**における**グレーティングローブ**などの言葉が教科書に書いてある場合は連続波であることが多いです。文献1）が参考となります。一般的にはパルス波を用い，連続波は治療目的など一部だけです。

②超音波の音圧は無限か有限か

速度ポテンシャルから音圧を正規化している場合，直接波と回折波が無限の音圧，または最大音圧1でそれぞれの音圧を同じとしていることがあります。図4（a）の音圧小の部分はゼロ輻射角と呼ばれることがありますが，実際には音圧が0にはなりません。外側と内側回折波，直接波の音圧には差があり，回折波の音圧は直接波より小さいです。

③超音波の音圧か超音波センサの受信信号か

理論では超音波の音圧自体を扱いますが，実際には超音波センサで受信した信号を扱います。センサの受信信号は超音波がセンサに圧力を与えて振動させることで発生します。センサに斜めに超音波が入射したときはセンサの位置に

より超音波を受信するタイミングが変化します。この場合，受信時の指向性は送信時と異なります。図5（a）のように超音波を垂直に受信した場合はセンサ全体で同時に信号が発生しますが，図5（b）のように斜めに受信した場合はセンサの各部分で受信信号に時間差が発生し，時間差が半周期分ずれると信号が打ち消し合います。通常斜めに超音波を受信すると受信信号が小さくなりますが，ある角度で超音波が入射したとき受信信号がさらに小さくなる可能性があります。詳細は文献2)にあります。送信時は回折波による超音波の広がりが指向性となりますが，受信時はセンサ各部分の受信信号の時間差により指向性が発生します。

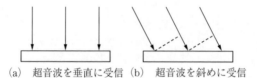

図5 超音波の受信時における指向性

④縦方向振動以外も発生しているか

図6のように超音波振動子を駆動させると縦方向振動以外にも横方向振動が発生し，指向性に影響が出る可能性があります。また，振動子よっては**たわみ振動**で超音波を送信しますので平面状の超音波が発生しない場合もあります。

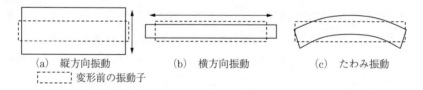

図6 振動子の振動例

⑤回折波の発生が考慮されているか

外側回折波，内側回折波が発生し，直接波などと重なって図2，図4（a）のように探触子中心軸上など音圧が変動することを考慮する必要があります。

参考文献

1) 田中雄介，大平克己，小倉幸夫：パルス波と連続波の超音波伝搬の可視化，アコースティックイメージング研究会資料，AI-2016-26（2016）
2) 宇田川義夫：超音波技術入門　発信から受信まで，日刊工業新聞社（2010）

（田中雄介）

Q 47

MIDIデータについて教えてください

MIDIデータとはどのようなデータなのでしょうか。特にフォーマットやその歴史，さらに研究で用いる際に注意すべき点があれば知りたいです。

A

> ざっくり言うと…
> ● 譜面上の演奏情報を電子化したデータおよびそのデータ形式
> ● MIDIデータは「音」ではなく「譜面」
> ● MIDIデータの再生時に多少誤差が発生する

MIDIの仕組み

MIDI は musical instrument digital interface の略で，MIDI規格は1980年代初頭に規格化されました。MIDI規格は，もともとは電子楽器などの複数の電子デバイス間でのデータのやり取りを目的としたもので，MIDIデータは音の高さや発音タイミングなどの演奏情報を格納したデータ形式です。パソコンに格納されたMIDIデータをバイナリ形式で見ると，MIDIデータはヘッダ部とデータ部によって構成され，ヘッダ部にはMIDIのデータフォーマット，チャンネル数，テンポ値などが記録され，データ部には音の情報（時刻，音高，長さ）やコントロール情報（ピッチベンドやサスティーンペダルなど）が格納されています。MIDIデータは電子楽譜に近い情報をもつとも言えます。それゆえ，波形データと比べると，データサイズは格段に小さくなります[1]。

MIDIは一般に「MIDIシーケンサ」と呼ばれるMIDI再生ソフトまたは装置上で生成制御され，それを「MIDI音源」と呼ばれるソフトまたは装置に送信することで，音響信号が生成されます。MIDIデータは，例えば「ピアノの音色でC4の音の高さを演奏しなさい」のような譜面上の情報を表すことができますが，実際の音響信号はMIDI音源によって生成されるため，MIDIデータだけでは，どのような音響信号が得られるかまでは指定できません。例えば

「ピアノ」と指定しても，どのような波形なのかは，MIDI音源によって決まるのです。このように，MIDI音源が異なるとまったく異なる音色になってしまうことではあまりに不便ですので，音色番号と内容に関する規格として，**GM**（general MIDI）があります。GMでは例えば音色番号が1は「アコースティックピアノ」，2は「ブライトピアノ」のように音色の名称を定めています。ですので，GMに従ってMIDIデータを作成すれば，異なるMIDI音源であっても問題なく音楽を再生できます。GM以外にもGSやXGなどの規格もあります。なお，細かな音響波形は各種音源に依存しますので，アコースティックピアノと指定しても，MIDI音源が異なれば，信号波形としては異なります。MIDI再生とMIDI記録の概要を**図1**に示します。

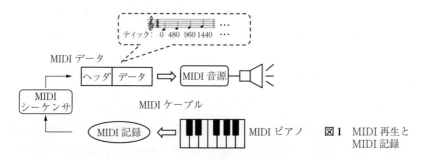

図1 MIDI再生とMIDI記録

MIDIデータは**ティック**と呼ばれる独自の時間単位をもち，MIDIデータ上の発音や消音などのすべてのイベントの時間は，ティックで表されます。例えば，MIDIヘッダ部に「四分音符を480ティックで記述する（これを分解能と呼ぶ）」と書かれた場合，4/4拍子で1小節の長さは1920ティックの長さを持ちます。ティックはこの分解能と**BPM**（beats per minute）で表されたテンポ値を用いることで，実時間長に変換できます。例えば，120 BPM，分解能が480の場合の240ティックの長さは250 msとなります。

MIDI出力端子を持つ電子楽器のキーボードを演奏し，接続されたMIDI音源を別の音源に入れ替えると，同じキーボードから異なる音が得られることになります。ここで，MIDI入力デバイスとMIDI音源を接続するのが「MIDIケーブル」です。MIDIケーブルは5ピンのDINコネクタで接続され，31.25 kbpsの速度で8ビット単位の信号がシリアル送信されます。3バイトを送信

Q 47　MIDI データについて教えてください

するのに約 1 ms かかりますが，四つの音が同時に奏でられる和音の場合は約 3 ms となるので，和音構成音間の発音時刻誤差が徐々に大きくなります。よって，MIDI ピアノでリアルタイム演奏を行う場合は，細やかな演奏表現のすべてが音として表すことは難しい場合もあります。また，MIDI データはシリアル転送のため，データの途中で音の高さや音色を組織的に変更することも可能です。その利点を用いて，パソコン上のマウスポインタの座標を用いて演奏内容を逐次変更することができる技術もあります[2]。

　MIDI 入力装置には，MIDI ピアノのような鍵盤楽器が一般的ですが，MIDI ギター，MIDI ベースギター，MIDI ドラム，音声入力を MIDI に変換する技術，また，MIDI テルミンなどもあります。MIDI 機器をパソコンと接続する場合は，古くはシリアルポートから接続するか，パソコン上の転送ボードなどが用いられましたが，近年では USB ポートから接続することが一般的です。また，Bluetooth を用いてワイヤレス接続が可能な機器もあります。

MIDI の利用と注意点

　MIDI は，アナログシンセサイザーからデジタルシンセサイザーに移り変わっていくうえで，必須の技術でした。MIDI を用いる場面は，電子楽器の演奏だけでなく，商業的な利用もあり，通信カラオケがその一例です。MIDI データは共通の音色マップをもっておけば，作成した MIDI データを送信することで，受信部で再生できます。通信カラオケの後に，2000 年代初頭の携帯電話における着信メロディ（いわゆる着メロ）も，MIDI が用いられました。

　研究者として MIDI の再生と記録において気をつけなければならないことは，時間精度[3]でしょう。この精度には，再生時の固定的な時間ずれ（すなわち遅延）と，再生時の時間的なばらつきがあります。前者はリアルタイム演奏を行ううえでは致命的ともいえるので，なるべく低く抑える必要があります。**遅延**については公開されたデータはありませんが，例えば MIDI ドラムにおいて，10 ms の遅延（すなわち，打叩してから 10 ms 後に音が鳴る状況）は，奏者にとっては不自然な遅延になる可能性があると言えます。

　次に，再生時のばらつきについてです。再生する計算機上での OS やミドル

ウェアの問題とされていますが，詳しい原因を特定することは困難です．MIDI信号を用いて実験する場合には多少注意が必要です．例えば，実験刺激をMIDIデータとして作成し，MIDIシーケンスソフトから直接再生して被験者に音を呈示する場合，音の再生のたびに再生タイミングが一定でないという問題が生じます．そのような場合は，MIDIデータとして作成した音をいったん波形として録音し，その録音した波形を被験者に呈示するという方法で回避できます．

　MIDI記録について説明します．MIDI記録とは，例えばMIDI機能をもつピアノなどで演奏した情報をMIDIデータとして記録することです．ピアノで多重音によって演奏した場合，例えば3音や4音からなる和音を演奏した場合，その演奏の音響信号から個別の音のタイミングと強度を計算することは困難ですが，MIDI記録を使うと，それぞれの情報が個別に取得できるので，演奏の研究などの特殊な目的では大変便利です．ただし，MIDI記録にもやはり記録誤差が生じます．時間誤差は再生時と同様に生じてしまいますし，また，MIDIヴェロシティ（MIDIで表される音の大きさ）の記録誤差も報告されています（ただしこの誤差は小さい）．そのような誤差はあるものの，上述のようなピアノの記録を高精度に記録する手法はMIDI以外には現在のところありませんので，ピアノ演奏の研究では今でも広くMIDIが使われています．MIDIで記録されたデータはティックで表されますが，前述のように記録誤差と再生誤差があるので，それを記録した時や再生する時に，記録時とぴったりとなる保証はありません．よって，どの程度の誤差になるかは，MIDI記録を行う環境において，個別に測定する必要があるでしょう．

参考文献

1) リットーミュージック編：MIDIバイブルⅠ＆Ⅱ～MIDI1.0規格基礎編＆実用編～, リットーミュージック（1997, 1998）
2) Masataka Ohno and Masanobu Miura : Realtime emotion control system for polyphonic MIDI musical excerpts, Acoustical Science and Technology, **34**, 5, pp.344–347（2013）
3) 三浦雅展：MIDI規格の問題点と今後の展望, 日本音響学会誌, **64**, 3, pp.171-176（2008）

（三浦雅展）

Q 48

楽器はどんな基準で分類されますか？

いろんな形の楽器がたくさんありますが，どんな基準で分類されているのでしょうか。また，どんな種類の楽器がありますか。

A

> ざっくり言うと…
> ●楽器がどのようにして音を出しているかに基づいて分類
> ●大まかには，発音体の種類や音の持続性で分類
> ●他には，共鳴の利用の有無や演奏方法でも分類

楽器を分類するとなると，すぐに思いつくものでは，「鍵盤楽器」,「管楽器」,「弦楽器」,「打楽器」だと思います。ピアノなどの「鍵盤をもつ楽器」，トランペットやクラリネットなどの「管状の楽器」，ヴァイオリンやギターなどの「弦を振動させて音を鳴らす楽器」，ティンパニやドラムなどの「叩いて音を鳴らす楽器」に分けられます。オーケストラなどでクラシック音楽を演奏している様子を想像すると，これらに分類できることに同意してもらえると思

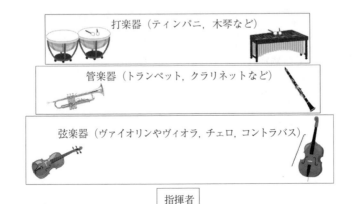

図1　オーケストラの編成例

います。オーケストラの楽器編成例を**図1**に示します。

ただ，これらの分類は，演奏する際の「操作対象」による分類であったり，楽器の「形状」による分類，楽器の「発音源となっている**振動体**」による分類，演奏時の「奏法」による分類であったりしていて，首尾一貫した分類ではありません。

振動体の種類に基づいた分類

楽器がどのような仕組みで音を出すかに注目し，発音源となっている振動体に基づいて，首尾一貫して分類できる方法があります。クラシック音楽だけでなく，それ以外の音楽で用いられる楽器も分類できる「**ザックス楽器分類法**」です。これは，「ホルンボステル─ザックス楽器分類法」や「ザックス＝ホルンボステル法」とも呼ばれます。この方法は，ドイツの音楽学者ザックスとホルンボステルによって，楽器学の観点から提案されたものです。

この方法によると，楽器は，「空気の振動」，「弦の振動」，「面上に張った膜の振動」，「弾性を持った物体そのものの振動」で鳴るもの，「電気」によって鳴るものに分けられます。「空気の振動」で鳴る「気鳴楽器」としては，管楽器，ハーモニカなどの空気を送ることで楽器内の金属片が振動して音が鳴る「**フリー・リード楽器**」があります。「弦の振動」で鳴る「弦鳴楽器」としては，ヴァイオリンなど，弦をこすって音を鳴らす「擦弦楽器」，ギターなど，弦を弾いて音を鳴らす「撥弦楽器」，ピアノなど，弦を打って音を鳴らす「打弦楽器」があります。「面上に張った膜の振動」で鳴る「膜鳴楽器」としては，

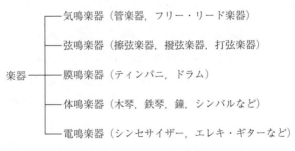

図2 ザックス楽器分類法

ティンパニやドラムがあります。「弾性をもった物体そのものの振動」で鳴る「体鳴楽器」としては，木琴や鉄琴，鐘，シンバル，カスタネット，トライアングル，ギロ，マラカスがあります。「電気」によって鳴る「電鳴楽器」としては，シンセサイザーやエレキ・ギターがあります。この分類方法を図でまとめると，**図2**のようになります。

音の持続性に基づいた分類

　ザックス楽器分類法とは違った見方によって分類する方法が，実はあります。その方法とは，音響学的観点で振動体の振動様態によって分類する方法で，音が鳴ってから音の大きさが持続するか，自然に減衰するかによって分けます。

　つまり，音を鳴らす時に外力を最初に与えるだけか，持続的に与えるかの違いです。持続音を鳴らすことができる楽器を「**自励振動楽器**」，持続音を鳴らすことができず，減衰音しか鳴らすことができない楽器を「**減衰振動楽器**」と呼びます。例えば，管楽器や擦弦楽器は自励振動楽器に分類され，打弦楽器や撥弦楽器，打楽器は減衰振動楽器に分類されます。自励振動楽器は，さらに，振動体以外で共鳴や共振を利用するものと，利用しないものに分けられます。前者としては管楽器や擦弦楽器，後者としてはフリー・リード楽器が当てはまります。

　ところで，管楽器は木管楽器と金管楽器に分けられますが，どのような基準で分けられるかご存知でしょうか。木製が木管楽器，金属製が金管楽器と思われるかもしれませんが，実はその基準では分類されていません。例えば，フルートやサクソフォンは金属製ですが，木管楽器に分類されます。ヨーロッパの民族楽器アルプホルンは木製ですが，金管楽器に分類されます。では，どんな基準で分類されているのでしょうか。実は，唇を振動させて音を鳴らす管楽器を金管楽器，それ以外の管楽器を木管楽器と呼びます。木管楽器には，フルートのように空気の流れを吹きつけて音を鳴らすものと，クラリネットやオーボエのように，細い板を振動させて音を鳴らすものに分けられます。前者をエア・リード楽器，後者をリード木管楽器と呼びます。

Q 48 楽器はどんな基準で分類されますか？

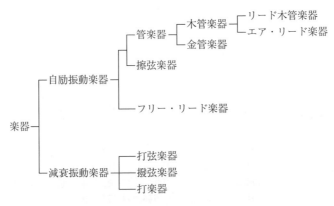

図3 振動体の振動様態による分類方法

振動体の振動様態による分類方法を図でまとめると，**図3**のようになります。自励振動楽器としてクラリネットの音響波形と，減衰振動楽器としてピアノの音響波形を**図4**および**図5**に示します。それらから，クラリネットの振幅はほぼ一定で持続していますが，ピアノの場合は減衰していることがわかります。このように，楽器音の音響特徴に基づいて楽器を分類することができます。

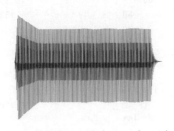

図4 持続音の波形（クラリネット）

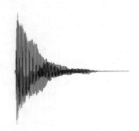

図5 減衰音の波形（ピアノ）

参考文献

1) 日本音響学会 編：新版 音響用語辞典，p.142，コロナ社（2004）
2) 吉川茂，鈴木英男 編：音楽と楽器の音響測定，pp.135-136，コロナ社（2007）
3) 柳田益造 編：楽器の科学 図解でわかる楽器のしくみと音の出し方，pp.12-23，ソフトバンククリエイティブ（2013）

（安井希子）

索引

【あ】

アクティブノイズコントロール	171
圧電振動子	176
圧電ブザー	176
アップサンプリング	51
アドミタンスループ	177
アノイアンス	79
アレイ観測信号	39
アレイ信号処理	44
アンチエイリアシング	7

【い】

閾値	129, 156
イコライザ	59
位相差	182
位相スペクトル	14, 53
一様分布	71
一対比較法	98
インパルス応答	9
インパルス応答積分法	82
インピーダンスアナライザ	177
韻律情報	108

【う】

ウィナー・ヒンチンの定理	69
ウェーバーの法則	158

【え】

エイリアシング	5
エコー	180
エコー知覚	151
エコーロケーション	164
エッジ波	184
エンドファイアアレイ	170

【お】

オイラーの公式	14
音高	144
音圧	32
音圧レベル	100, 144, 173
音韻情報	108
音階	147
音楽音響	144
音響インテンシティ	74
音響インテンシティ法	74
音響エネルギーレベル	72, 103
音響キュー	102
音響計測	56
音響校正器	66
音響特徴量	100, 114
音響暴露レベル	60
音響パワーレベル	72
音響ピンセット	173
音響放射圧	173
音響放射力	172
音響モデル	114, 136
音源	16, 40
音源位置推定	103
音源信号分離	27
音源定位	44
音源分離	36, 40, 44, 103
音声	112
音声強調	36
音声合成	103, 136
音声信号	116
音声知覚	141
音声認識	40, 103, 112, 120
音声認識システム	143
音声らしさ	37
音節	140
音線法	88
音素	115, 118, 132, 137, 140
音像定位	148
音速	32, 168
音程	145
音波浮揚	173
音場モード定在波	173

【か】

開管	29
開口端補正	29
外耳道	160
外耳道放射骨導	162
回折波	184
ガウス混合モデル	122
ガウス分布	70, 93, 120
蝸牛	153, 160
学習データ	136
角周波数	13
確率分布	116
確率密度関数	70
隠れマルコフモデル	116, 139, 142
嵩系列	181
可聴域	168
可聴音	171, 173
可聴限界	169
可聴周波数	168
楽器	202
感音性難聴者	163
感覚量	157
感情音声	138
干渉性雑音	38
完全拡散音場	81

索 引

【き】

幾何音響理論	88
基準音圧	101
基底膜	153
気導音	160
基本周期	134
基本周波数	100, 134, 144, 166
帰無仮説	93
逆フーリエ変換	106, 108
キャリア	171
キャリブレーション	64
吸音率	84, 88
境界要素法	89
共振周波数	30, 177
共鳴	28
共鳴管	29
共鳴器型吸音材	85
共鳴現象	86
共鳴周波数	86
共鳴胴	31
鏡面反射	88
虚像法	88
距離定位	150
近距離音場限界	185

【く】

空間エイリアシング	46
空気粒子	32
矩形窓	22
区分線形関数	49
クラスタ	43
クラスタリング	42
クリッピング	26
グレーティングローブ	186

【け】

経頭蓋磁気刺激法	142
ケプストラム	104, 108, 114
ケフレンシー	107, 110
言語モデル	114
減衰	23

減衰振動楽器	194

【こ】

校正	64, 103
高速フーリエ変換	18
高調波	170, 175
勾配降下法	130
誤差	97
誤差逆伝播法	131
骨伝導	160
骨導超音波	163
鼓膜	160
固有周波数	28
混合ガウス分布	122
コンテキスト	138

【さ】

最小可聴音圧	157
最小可聴値	154, 157
最小可聴野	157
最小分散法	47
再生系	56
最適化アルゴリズム	129
サイドローブ	23, 46, 170
最尤推定	126
サセプタンス	177
雑音抑圧	36
ザックス楽器分類法	193
残響	80
残響減衰曲線	81
残響時間	80, 100
残響成分除去	27
サンプリング周波数	5, 180
サンプリング定理	4, 51
サンプル補間問題	49

【し】

子音	137
シェッフェの一対比較法	98
耳介	149
時間重み特性	63
時間分解能	166, 183
時間平均	175

時間率騒音レベル	61
時間領域有限差分法	90
指向性	184
指向特性	45
事後確率	124
自己相関関数	69, 181
事前確率	125
実効音圧	101
実数ベクトル	14
時不変性	8
遮音性能	84
尺度構成法	98
従属変数	97
周波数	32
周波数重み特性	62
周波数解析	170
周波数振幅特性	55
周波数掃引変調信号	181
周波数帯域幅	166
周波数特性	20
周波数分解能	52
周波数分析	141
周波数変調音	166
主観評価	96
受聴者の聴覚特性	61
純音性成分	78
純正律	147
衝撃音	72
状態出力確率	117
初期位相	13
自励振動楽器	194
人工知能	131
深層学習	131, 139, 142
振動子	176, 184
振動体	193
振動膜	64
振幅スペクトル	14, 53
振幅変調	171
振幅変調方式	171
振幅包絡線	180
心理物理学的測定法	97
心理物理関数	159
心理物理的同調曲線	155

心理量	144	

【す】

数値計算	173
スコア関数	128
スプライン関数	49
スペクトラルキュー	150
スペクトルサブトラクション	37
スペクトル包絡	134

【せ】

正規分布	127
正弦波	12
声質変換	120
声帯	104
静電容量	64
声道	104
声道フィルタ	105
絶対閾	156
ゼロクロス	180
線形合同法	71
線形識別	128
線形時不変システム	8
線形周波数変調	181
線形性	8
先行音効果	151

【そ】

騒音計	60, 103
騒音源の性質	61
騒音レベル	171, 173
相関関数	181
相互相関関数	181
相互相反校正法	66
速度ポテンシャル	33, 186
ソナー	164
損失関数	129

【た】

ダイナミックレンジ	57
対立仮説	93
多孔質型吸音材	85
多重比較検定	95
多層パーセプトロン	130
畳み込み	8, 21, 105
ダランベールの解	34
たわみ振動	187
単位インパルス	9

【ち】

遅延	190
遅延和法	45
知覚	140
置換法	66
チャープ信号	181
調音器官	140
超音波	168, 184
超音波エミッタ	171
超音波振動子	171, 172, 184
超音波探触子	184
超音波プローブ	184
聴覚閾値	101, 157
聴覚情報処理	152
聴覚フィルタ	103, 153
聴覚末梢	141
超指向性スピーカ	168
重畳	25
丁度可知差異	158
調波複合音	145
聴力曲線	157

【て】

定在波	28, 174
ディジタル信号処理	24, 48, 181
定常音	72
ディストーション	26
ティック	189
定バンド幅分析	76
定比バンド幅分析	76
ディレイ	25
テキスト音声合成	136
デルタ関数	19
伝搬経路	180
伝搬時間	180

伝搬速度	180

【と】

等価騒音レベル	60
統計解析	93
統計的歌声合成	139
頭部伝達関数	149
到来時間差	42
等ラウドネスレベル曲線	144, 157
独立成分分析	39, 42
ドップラー効果	166
ドップラーシフト	167
トレードオフ	23

【な】

ナイキスト周波数	52
内耳	152, 162
内積	14
内有毛細胞	153

【に】

二層パーセプトロン	130
ニューラルネット	131

【ぬ】

ヌルビームフォーミング法	45

【の】

ノイズ	68
ノイズ混入	57
ノイズ除去	27
ノイズ断続法	81
脳活動計測	143
ノッチ雑音マスキング法	155

【は】

背景雑音	128
ハウリング	19
バーク尺度	103
暴露	72

索引

波形歪み	170
パターン認識技術	142
波長	28
バックグラウンドノイズ	57
波動音響理論	89
波動方程式	32, 89
腹	28
パラメトリックアレイ	170
パラメトリックスピーカ	168
パルス	22
パルス圧縮	181
パルスエコー法	180
パルス波	180, 184
破裂音	133
パワースペクトル	69, 105, 108
反響定位	164
半自由音場法	73
バンドパスフィルタ	129
バンド幅	76
板（膜）振動型吸音材	85

【ひ】

ピーク音圧レベル	60
歪み	26
非線形	23, 171, 175
非線形システム	26
非線形歪み	27
ピタゴラス音律	147
ビタビアルゴリズム	119
ピッチ	109, 144
ビームフォーミング	37, 44
標本	92
標本分布	93
ピリオドグラム	70
ヒルベルト変換	182

【ふ】

フィルタ	152
フィルタバンク	154
フェーズドアレイ	186
フォルマント	100
複素数	14
複素正弦波	14, 17
節	28
物理量	144
不偏ケプストラム分析	110
不偏分散	95
不偏分散比	95
フーリエ級数展開	5
フーリエ係数	7
フーリエ変換	12, 16, 103, 105, 108
フリー・リード楽器	193
分解能	181
分析合成系	132

【へ】

閉管	28
ベイズ推定	126
ベイズの定理	124
平面音波	172
平面板	184
ヘルムホルツ共鳴器	30
変位勾配	33
変形骨導	162
偏微分値	130
弁別閾	156

【ほ】

母音	102, 118, 122, 137
方向定位	148
放射	72
放射圧法	173
ボコーダ	132
母集団	92
ポストフィルタリング	38
ホワイトノイズ	68

【ま】

マイクロフォン	16, 64
——の感度	65
マイクロフォンアレイ	41, 44
摩擦音	133
マスキング	154
窓関数	20

【み】

密度関数	127

【む】

無声音	133

【め】

メインローブ	23
メルケプストラム	103, 110
メル尺度	109, 145

【ゆ】

有意水準	93
有限差分法	89
有限振幅音波	169
有限積分法	184
有限要素法	89
有声音	133
尤度	125

【ら】

ラウドネス	78, 144
ラプラス変換	17

【り】

離散コサイン変換	110
離散時間	9
離散値	116
離散データ	5
離散フーリエ変換	17
リバーブ	26
粒子速度	32, 169, 173
量子化雑音	58
両耳間時間差	148
両耳間レベル差	148
臨界帯域幅	78

【る】

類似度	13

索引

【れ】
零感度	47
レベル差	42
連続値	116
連続波	184

【ろ】
ロジスティック関数	129

【わ】
話者識別	120

【A】
A 特性	62

【B】
BEM	89
BPM	189

【C】
C 特性	62
cent	146
CIP 法	90

【D】
DNN	142

【E】
EM アルゴリズム	119, 123
ERB 尺度	103

【F】
F 特性	63
FDM	89
FDTD 法	90
FEM	89
FIR フィルタ	52, 133

【G】
GM	189
GMM	115
Gold 系列	181

【H】
HMM	115, 142

【I】
I 特性	63

【M】
M 系列	181
MFCC	110
MIDI	188

【N】
N-gram モデル	117

【S】
sinc 関数	50
sinc 補間	6
S 特性	63
SNR	180

【T】
t 検定	94
t 分布	94
TMS	142
TSP 信号	83

【Z】
Z 特性	62
z 変換	18

【数字】
1/3 オクターブバンドフィルタ	78

音響学入門ペディア
Acousticpedia for Beginners 　　　　　　　　ⓒ 一般社団法人 日本音響学会 2017

2017 年 3 月 15 日　初版第 1 刷発行
2022 年 6 月 10 日　初版第 3 刷発行

検印省略	編　　者　一般社団法人 日本音響学会	
	発 行 者　株式会社　コロナ社	
	代 表 者　牛来真也	
	印 刷 所　三美印刷株式会社	
	製 本 所　有限会社　愛千製本所	

112-0011　東京都文京区千石 4-46-10
発 行 所　株式会社 コロナ社
CORONA PUBLISHING CO., LTD.
Tokyo Japan
振替 00140-8-14844・電話(03)3941-3131(代)
ホームページ https://www.coronasha.co.jp

ISBN 978-4-339-00895-1　C3055　Printed in Japan　　　　　（新宅）

本書のコピー，スキャン，デジタル化等の無断複製・転載は著作権法上での例外を除き禁じられています。
購入者以外の第三者による本書の電子データ化及び電子書籍化は，いかなる場合も認めていません。
落丁・乱丁はお取替えいたします。

音響テクノロジーシリーズ

(各巻A5判，欠番は品切です)

■日本音響学会編

No.	タイトル	著者	頁	本体
1.	音のコミュニケーション工学 —マルチメディア時代の音声・音響技術—	北脇信彦編著	268	3700円
3.	音の福祉工学	伊福部達著	252	3500円
4.	音の評価のための心理学的測定法	難波精一郎・桑野園子共著	238	3500円
7.	音・音場のディジタル処理	山崎芳男・金田豊編著	222	3300円
8.	改訂 環境騒音・建築音響の測定	橘秀樹・矢野博夫共著	198	3000円
9.	新版 アクティブノイズコントロール	西村正治・宇佐川毅・伊勢史郎・梶川嘉延共著	238	3600円
10.	音源の流体音響学 —CD-ROM付—	吉川茂・和田仁編著	280	4000円
11.	聴覚診断と聴覚補償	舩坂宗太郎著	208	3000円
12.	音環境デザイン	桑野園子編著	260	3600円
14.	音声生成の計算モデルと可視化	鏑木時彦編著	274	4000円
15.	アコースティックイメージング	秋山いわき編著	254	3800円
16.	音のアレイ信号処理 —音源の定位・追跡と分離—	浅野太著	288	4200円
17.	オーディオトランスデューサ工学 —マイクロホン，スピーカ，イヤホンの基本と現代技術—	大賀寿郎著	294	4400円
18.	非線形音響 —基礎と応用—	鎌倉友男編著	286	4200円
19.	頭部伝達関数の基礎と3次元音響システムへの応用	飯田一博著	254	3800円
20.	音響情報ハイディング技術	鵜木祐史・西村竜一・伊藤彰則・西村明・近藤和弘・薗田光太郎共著	172	2700円
21.	熱音響デバイス	琵琶哲志著	296	4400円
22.	音声分析合成	森勢将雅著	272	4000円
23.	弾性表面波・圧電振動型センサ	近藤淳・工藤すばる共著	230	3500円
24.	機械学習による音声認識	久保陽太郎著	324	4800円
25.	聴覚・発話に関する脳活動観測	今泉敏編著	近刊	

以下続刊

物理と心理から見る音楽の音響	三浦雅展編著	超音波モータ	青柳学・黒澤実・中村健太郎共著
建築におけるスピーチプライバシー —その評価と音空間設計—	清水寧編著	聴覚の支援技術	中川誠司編著
環境音分析	井本桂右・川口洋平・小泉悠馬共著	聴取実験の基本と実践	栗栖清浩編著

定価は本体価格+税です。
定価は変更されることがありますのでご了承下さい。

図書目録進呈◆

音響サイエンスシリーズ

（各巻A5判，欠番は品切です）

■日本音響学会編

			頁	本体
1.	音色の感性学 ─音色・音質の評価と創造─ ─CD-ROM付─	岩宮眞一郎編著	240	3400円
2.	空間音響学	飯田一博・森本政之編著	176	2400円
3.	聴覚モデル	森 周司・香田 徹編	248	3400円
4.	音楽はなぜ心に響くのか ─音楽音響学と音楽を解き明かす諸科学─	山田真司・西口磯春編著	232	3200円
6.	コンサートホールの科学 ─形と音のハーモニー─	上野佳奈子編著	214	2900円
7.	音響バブルとソノケミストリー	崔 博坤・榎本尚也 原田久志・興津健二 編著	242	3400円
8.	聴覚の文法 ─CD-ROM付─	中島祥好・佐々木隆之 上田和夫・G.B.レメイン 共著	176	2500円
9.	ピアノの音響学	西口 磯春編著	234	3200円
10.	音場再現	安藤彰男著	224	3100円
11.	視聴覚融合の科学	岩宮眞一郎編著	224	3100円
13.	音と時間	難波精一郎編著	264	3600円
14.	FDTD法で視る音の世界 ─DVD付─	豊田政弘編著	258	3600円
15.	音のピッチ知覚	大串健吾著	222	3000円
16.	低周波音 ─低い音の知られざる世界─	土肥哲也編著	208	2800円
17.	聞くと話すの脳科学	廣谷定男編著	256	3500円
18.	音声言語の自動翻訳 ─コンピュータによる自動翻訳を目指して─	中村 哲編著	192	2600円
19.	実験音声科学 ─音声事象の成立過程を探る─	本多清志著	200	2700円
20.	水中生物音響学 ─声で探る行動と生態─	赤松友成 木村里子 市川光太郎 共著	192	2600円
21.	こどもの音声	麦谷綾子編著	254	3500円
22.	音声コミュニケーションと障がい者	市川 熹・長嶋祐二編著 岡本 明・加藤直人 酒向慎司・滝口哲也 共著 原 大介・幕内 充	242	3400円
23.	生体組織の超音波計測	松川真美 山口 匡編著 長谷川英之	244	3500円

以下続刊

笛はなぜ鳴るのか 足立 整治著
─CD-ROM付─

骨伝導の基礎と応用 中川 誠司編著

定価は本体価格+税です。
定価は変更されることがありますのでご了承下さい。

図書目録進呈◆

音響学講座
(各巻A5判)

■日本音響学会編

	配本順			頁	本体
1.	(1回)	基礎音響学	安藤彰男編著	256	3500円
2.	(3回)	電気音響	菅木禎史編著	286	3800円
3.	(2回)	建築音響	阪上公博編著	222	3100円
4.	(4回)	騒音・振動	山本貢平編著	352	4800円
5.	(5回)	聴覚	古川茂人編著	330	4500円
6.	(7回)	音声(上)	滝口哲也編著	324	4400円
7.		音声(下)	岩野公司編著		
8.		超音波	渡辺好章編著	近刊	
9.		音楽音響	山田真司編著		
10.	(6回)	音響学の展開	安藤彰男編著	304	4200円

音響入門シリーズ
(各巻A5判,CD-ROM付,欠番は品切です)

■日本音響学会編

	配本順			頁	本体
A-1	(4回)	音響学入門	鈴木・赤木・伊藤・佐藤・菅木・中村 共著	256	3200円
A-2	(3回)	音の物理	東山三樹夫著	208	2800円
A-4	(7回)	音と生活	橘・田中・上野・横山・船場 共著	192	2600円
A		音声・音楽とコンピュータ	誉田・足立・小林・小坂・後藤 共著		
A		ディジタル音響信号処理入門	小澤賢司著	近刊	
A		楽器の音	柳田益造編著		
B-1	(1回)	ディジタルフーリエ解析(I) ―基礎編―	城戸健一著	240	3400円
B-2	(2回)	ディジタルフーリエ解析(II) ―上級編―	城戸健一著	220	3200円
B-3	(5回)	電気の回路と音の回路	大賀寿郎・梶川嘉延 共著	240	3400円

(注:Aは音響学にかかわる分野・事象解説の内容,Bは音響学的な方法にかかわる内容です)

定価は本体価格+税です。
定価は変更されることがありますのでご了承下さい。

◆図書目録進呈◆